大是文化

即！ビジネスで使える
新聞記者式伝わる文章術
数字・ファクト・ロジックで説得力をつくる

商用寫作大補帖

日本五大報之一《日本經濟新聞》
「綜合編輯中心」調查組次長
白鳥和生——著
方嘉鈴——譯

企劃書、簡報、簽呈、會議紀錄與郵件，
丟掉起承轉合，採用三明治寫法，
主管、客戶、同事秒懂給讚。

Contents

推薦序 說之以理、言之有據，寫出讓對方一看就懂的內容／劉奕酉 009
前 言 三十年的寫作功力，用一本書傳給你 013

第一章 商用寫作第一問：這是誰要看的 017
1 文字跟人一樣，關鍵在第一印象 018
2 你想寫，別人不一定想看——讀者是誰 021
3 結論想有說服力，中間推導過程不能省略 025
4 寫作就像寫情書，先考慮對方心情 029
5 用一句話，點出你的主旨 032
6 每段文字只提出一個重點 035
7 避免使用被動語氣 039

8 一句話，不要超過兩個「的」 043

第二章 作文高手愛用的「起承轉合」，職場不適用 047

1 倒三角形寫作法，最重要的放前面 048
2 刪、刪、刪，多一句不如少一句 051
3 三明治寫作法，重點放在開頭與結尾 056
4 預設對方的反對意見，主動反駁 064
5 內文提出小缺點，反而能取得信任 067

第三章 數據怎麼說，才有說服力 075

1 不要用「很多人」，要寫「一千人」 076

2 怎樣的事實，才稱作有根據？ 079

3 官方的人口統計資料，最多人使用 082

4 職場上必用的那些數據，一定要搞懂 086

5 養成「比較」的習慣 089

6 「有幾個東京巨蛋大？」你得這樣舉例 092

第四章 文章要流暢，邏輯最重要 095

1 寫完後，先請別人讀一遍 096

2 雲、雨、傘理論，檢驗是否合邏輯 098

3 ＭＥＣＥ分析法，不重複、不遺漏 103
4 定量事實與定性事實的交互運用 106
5 有些資料會害你先射箭，再畫靶 108

第五章 過度賣弄專業的文字，沒人想看 111

1 這樣寫，連國中生都能懂 112
2 相較於有利可圖，人們更偏向迴避損失 118
3 想寫給所有人看？就沒人想看 122
4 數據也能創造話題 126
5 我親自示範，怎麼用數字打動人心 130
6 優秀的提案，一張Ａ４紙就能搞定 136
7 電子郵件溝通三原則 138

8 寫郵件，每三到五句就要分段 141

第六章 蒐集與使用數據的方法 147

1 數據哪裡找？ 148
2 PDCA循環：提出假設↓檢驗邏輯 152
3 讀報紙——短時間吸收大量資訊 155
4 數據不會說謊，但文字可能不是真相 157
5 網路上的資訊，高達九成都是假的 161
6 能反映經濟發展的幾個指標 164

第七章 動筆之前的準備 169
1 每件事都有其背景與原因 170
2 實地、實物蒐集資訊，眼見為憑 173
3 要留意，資訊是否為最新版本 176
4 網路上沒有第一手資料 180
5 關鍵字進階搜尋技巧 183
6 遠離同溫層，培養媒體識讀力 186

第八章 手把手傳授，第一次寫作就上手 189
1 確定文章的內容、目的與對象 190
2 構思標題並列出要點 193

3 練習一：除了查維基百科，補充更多資訊 196
4 練習二：用數據呈現趨勢變化 205
5 練習三：條列重點 213
6 練習四：太長的句子要斷句，加上連接詞 219
7 練習五：提出主張與論點，回應讀者疑問 224
8 練習六：資訊蒐集↓分析↓提出主張 230
9 提出佐證捍衛你的主張 242
10 怎麼校對？我幫你做了檢查表 250
結語 文章沒人想讀，文筆再好也沒價值 253

推薦序

說之以理、言之有據，寫出讓對方一看就懂的內容

職人簡報與商業思維專家／劉奕酉

怎麼樣的文章才算是一篇「好」文章？

有人說簡潔易懂、有人覺得要感動人心，也有人認為不必在意別人的眼光，只要自己滿意就行。我想每個人都有自己的答案，在某些場景下，這些都可能是正確的。

但如果將範圍限縮在商業場景，那麼一篇「好」文章的條件是什麼？我想應該是「達成目的」。包括職場中的信件往來、工作報告、會議紀錄與專案進度，以及商場上的提案企劃、訊息布達，都屬於這一類的商用寫作。

它們都有共同的目的，就是**讓讀者從理解、認同到採取行動**。

如果對方無法理解，就不會產生認同；如果不能認同，自然就不會採取我們期望的行動。要寫出一篇好的商用文章，就必須用邏輯與事實，讓讀者從理解走向認同；透過數據來創造行動的誘因，讓讀者願意採取我們期待的行為。

這就是作者白鳥和生在書中提出的核心觀點：**商用寫作，是以事實、邏輯與數據這三大要素，快速寫出具有說服力、並讓讀者產生認同的文章。**

白鳥和生在《日本經濟新聞》任職超過三十年，從編輯部記者做到綜合編輯中心的調查組次長，並且在大學教當代商務與行銷學。對於如何快速寫出讓讀者一看就懂的商用文章，可以說是他的看家本領。

他認為，有別於文學創作，只要能讓讀者順暢的閱讀文字與理解內容，就是一篇優秀的商用文章。我很認同這一點，在我的書《高產出的本事》中，也提過相同的概念。許多人以為內容產出就是要用詞彙和修辭技巧來展現，而學生時期寫作文與國語文閱讀的回憶，讓人一想到寫作就頭痛。

事實上，不是人人都要成為文壇大師或創作鬼才。很多時候，讀者只要你說清楚、講明白就好。可以的話，他們更希望你可以**說重點，節省彼此的時間與精力，做到精準表達**。

全書圍繞著事實、邏輯與數據這三個關鍵要素展開，說明如何運用邏輯與事實來降低理解的門檻、提高認同的力道，又該如何藉由數據創造行動的誘因，寫出一篇好的商用文章。

內容共有八個章節，分為兩個部分。前半部在破除寫作的迷思，說明事實、邏輯與數據如何在商用寫作上發揮成效；後半部則針對邏輯與數據的結合，以及提升寫作成效提供實用的建議。

「不要因為表達能力不佳，埋沒了自己的才華。」作者最後的提醒，讓我十分有感。在這個時代，懂得產出就能擁有更多的可能性。在我離開職場成為自雇者後，受益於過往鍛鍊的商用寫作力，也讓更多人看到自己的專業價值，因此有了各式演講、顧問與出版的合作邀約。當你具備精準表達的能力，不只能掌握機會，更能創造專屬於自己的機會。

前言
三十年的寫作功力，用一本書傳給你

已經閱讀相關內容，也整理好數據，正準備開始撰寫一份企劃書，此時卻對著電腦螢幕茫然無措，不知道該從何下筆……你有過類似的經驗嗎？

有許多不擅長寫作的商務人士，經常為了寫報告或企劃書投入大量的時間，卻仍被主管打槍；或寫出來的文章沒有順利傳達意思而引起誤會，還要額外花時間收拾殘局。如果老是發生這種情況，可能會害當事人不斷加班，耽誤回家時間或社交生活，甚至影響到周遭同事、親友對自己的評價。

不過，寫作能力其實可以透過後天學習來培養。大家聽過「一萬小時法則」嗎？這是指，如果人們想成為某個領域的專家，通常須經過一萬小時的練習，才有可能達成。實際上，那些被稱為達人或專家的專業人士，也確實都經歷過長時間的訓練與無數次的經驗累積，才能成就今天的地位。

以我自己來說，我在學期間的語文成績並不特別優異，就連剛成為記者時，也要花上大半天，才千辛萬苦寫出一篇小小的報導，不僅字數不多、版面也不顯眼。但從事記者工作三十年，經過磨練後，我相信自己已經累積超過一萬小時的報導寫作經驗，今天才有辦法克服「覺得寫作好難」的障礙。

然而練習寫作也是有訣竅的。若不懂方法，就算再怎麼努力也是白費力氣。其實只要學會幾種基本概念，例如：先提出主張或論點，再依據重要性，逐一提出支持論點的理由與客觀事實，就可以有效率的寫出讓人容易理解的文章。如果學會這樣寫，不只能大幅提升工作效率，也可以改善工作方式。這麼一來，就不必為了工作而推掉和親友的聚會，更能建立起工作能力強、有效率的評價。

此外，還有不少人平常不覺得寫作有什麼困難，在學時期的作文成績也相當優秀，甚至在社群平臺發布貼文時，也獲得周遭親朋好友的稱讚與好評。但在職場上，卻容易被主管指責：「到底在寫什麼啊！我完全看不懂你想表達什麼。」這是因為商用寫作與社群網站上的貼文不一樣，閱讀對象不同，情境也不同，何況在職場上寫的文章，也不是出於娛樂目的而寫。

要知道，商用寫作的主要目的，是**讓讀者理解自己的論點，且願意依照提議**

做出相應的行動，尤其企劃書與提案報告等更是如此。因此詞藻華美、行文雅緻的文章，在職場上不一定會被肯定。而且我們也不必成為像川端康成一樣的大文豪，更不必刻意模仿蘋果（Apple）創辦人史蒂夫・賈伯斯（Steve Jobs），逼自己一夕之間成為充滿魅力的演講者。對一般人來說，**報社記者具備的寫作技巧，便是學習商用文章的最佳捷徑**，而這正是本書的主旨。具體來說，就是**以事實、數據與邏輯這三大要素，快速寫出具有說服力，並讓讀者產生認同感的文章**（參考下頁圖表）。

且為了能讓大家在職場上，靈活應用書中提到的寫作技巧，我在部分章節，提供了修改範例給各位參考；第八章還準備許多練習題，帶各位一步步寫出長篇文章。

雖然「羅馬不是一天造成的」，但只要跟著本書學習，就能少走冤枉路，寫出精準表達的文章。

商用寫作的三大要素

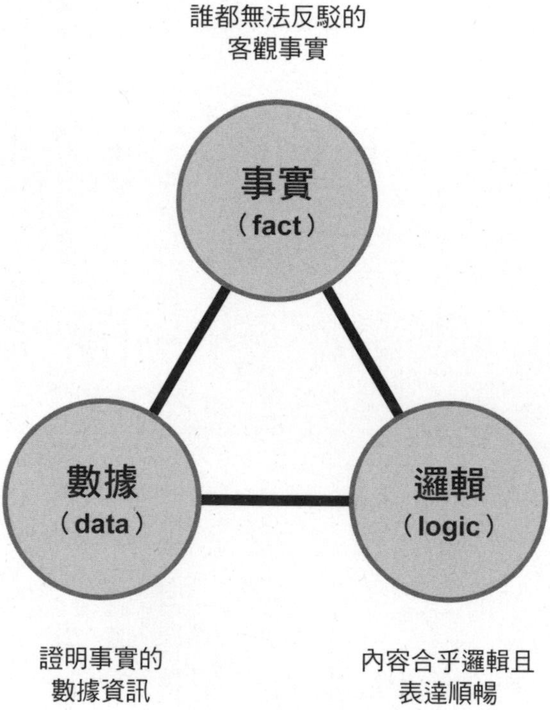
誰都無法反駁的
客觀事實
事實
（fact）
數據
（data）
邏輯
（logic）
證明事實的
數據資訊
內容合乎邏輯且
表達順暢

第一章

商用寫作第一問：這是誰要看的

1 文字跟人一樣，關鍵在第一印象

7-Eleven 便利商店在日本全國有超過兩萬家門市，對現代人來說，這些約三十坪大小的店面，它們的存在變得非常稀鬆平常，但在它剛成立時，可不是這個樣子。

日本 7-Eleven 的母公司「7&I 控股」創辦人伊藤雅俊（現任名譽會長）曾回憶，第二次世界大戰後，他在經歷戰火摧殘的荒地上，經營著只有兩坪大的洋貨行。他永遠記得當時母親告訴他：「並非拜託客人上門，他們就一定會光顧；也不是拜託廠商，廠商就一定會供貨；更不是跪求銀行核貸，就能得到融資。所謂的『商機』，就是在這些『拜託也沒用』的情境中誕生。」

若將這段話套用在商用寫作上，可以這麼解讀：並非拜託別人來讀你寫的文章，他們就一定會讀；也不是拜託對方來聽你進行簡報，他們就一定會聽；如果企劃書缺乏吸引力、看起來很難理解，就不會有人想看。

沒錯吧？畢竟現代人的生活這麼忙碌，誰有空去讀那些看起來不好懂的內容？甚至是自己花錢買的書，一開始認為好像值得一讀，但翻開後若發現一點都不有趣，也看不懂內容到底在寫什麼，很快就會被放在角落長灰塵。更不用說電子信箱裡，每天收到的各種廣告郵件，根本就不會有人一封封的仔細點開來看。

「完全看不懂你在寫什麼。」

（看完後）「結論是？」

「你這看法的根據是什麼？」

「這個數據是參考哪裡的資料？」

我年輕時，主管或職場前輩經常質問我這些問題。我身為報社記者，如果新聞中沒有加入實際案例、準確數據，或參考的根據缺乏公信力，就很難寫出一篇被讀者信任的報導。而商用寫作也適用這個道理。

近年在新冠肺炎疫情的衝擊下，遠距工作變成職場常態，因此現在人們更常透過 E-mail 或各種通訊軟體，使用文字溝通。此時，是否具備精準表達的寫作能力，就會直接影響到別人給予我們的評價。

但哪怕這個能力在現代生活中如此重要，我們還是常會在別人傳來的郵件中，看到許多自說自話的內容，也不管收件人想不想看或看不看得懂。這些信件通常不會被仔細閱讀，但有不少寄件人以為「對方一定會仔細看」。

麥拉賓法則（the rule of Mehrabian）指出，和他人溝通時，形成第一印象的要素中，視覺訊息（外觀、表情、姿態、眼神）占了五五％、聽覺訊息（語調、音色、音量及語速等）占三八％，語言訊息（文字或表達的內容）只占七％。

換句話說，我們看起來的樣子，比實際上說些什麼更重要。且在初次見面的頭幾秒鐘內，就已經決定了別人對我們的第一印象，而第一印象一旦建立，就很難輕易抹滅。

如果用相同的概念來理解商用寫作，就會知道**是否成功傳遞訊息，「如何表達」的因素就占了五五％，想表達的內容只占七％**。所以在本書裡，我會介紹怎麼寫，才能寫出讓人一看就想一直讀下去的文章。

2 你想寫，別人不一定想看——讀者是誰

餐廳依照客人的選擇，提供客人想吃的料理，這聽起來理所當然。如果有一家餐廳，主廚擺出一副盛氣凌人的姿態說：「少囉唆！我做什麼你就吃什麼！」或「好不好吃，老子說了算！」這樣客人應該不敢上門吧！

寫作也是如此，因此寫作時一定要經常問自己：「如果我是讀者，會想知道這些內容嗎？」一般來說，**造成別人不想看的原因，多半是因為你寫的與別人想看的內容之間，有一段距離**。尤其是撰寫企劃書或提案報告之類的文件時，更須事前針對提案對象來思考：他的個性怎麼樣？立場偏向哪一方？迫切想解決什麼困擾？

我在東京某一所私立大學裡教授行銷學。在新學期剛開始時，我通常會告訴

學生，「行銷」就是打造出暢銷的模式。而這套暢銷的模式，會讓消費者自己產生購買的欲望，進而實際去消費；而不是一直對客人叫賣：「快來買喔！」

被譽為現代管理學之父的彼得．杜拉克（Peter Drucker）也說過：「行銷的目的，在於使『銷售』變得多餘。」所以想做到成功行銷，就須認真思考：「行銷的對象是誰？要花多少預算？要利用哪些銷售管道？怎麼規畫促銷活動？」

而行銷跟談戀愛很像——當我們有了心儀的對象時，會怎麼做？應該會很想知道關於對方的一切事物，例如他住哪？喜歡什麼東西？興趣是什麼？接著為了獲得對方的青睞，我們或許會改變自己的髮型或穿衣風格、到對方可能會去的地方，盡力縮短兩人之間的距離。

像這樣為了更了解對方，努力的做足功課，也是商用寫作時，能創造出說服力與認同感的重要前提。

另外，如果你被質疑：「你寫的內容，到底想說什麼？」最主要的原因在於，看文章或訊息的人沒有完全接收到你想傳達的資訊。再更進一步思考，很可能是寫作時，你也還沒想好到底要說什麼。

除了日記這類只寫給自己看的文章，請務必記得，不論想表達什麼內容，都是為了讀者（也就是接受訊息的人）所寫。因此商用寫作的第一步，就是**先設定好目標讀者，並且搞清楚，溝通的目的是什麼**。

行銷學中很重視「STP策略分析」：先弄清楚「S」（Segmentation，市場區隔）、「T」（Targeting，市場目標），以及「P」（Positioning，市場定位）。企業若希望產品暢銷，必須先盡可能了解目標客群，也因此相當倚賴事前的調查與研究。不是把所有人都當顧客，而是依據不同的分眾市場，找到自家公司的優勢，並為其制定精準的產品定位，以求目標客群對公司、品牌與商品，產生深刻的印象。

同樣的，**在職場上，想寫出他人願意閱讀的內容，也要先設定好讀者，並努力掌握目標受眾的需求**。寫作時，如果連讀者的需求都沒有搞清楚，那不論寫什麼，頂多都是自我滿足。例如，當讀者是主管或有決定權的合作客戶，文章裡就必須準備好充足的資訊，協助他們做決策。只要先弄清楚目標對象，就能確立寫文章的方向，而且寫作的效率也會提高。

通常會對寫作感到困擾，其實是因為不知道讀者想看什麼，所以只要站在讀者的立場，針對讀者想知道的內容或感到疑惑的地方，詳細的加以說明，就能達到精準表達的效果。

商用寫作有別於文學創作，不須具備文學大師的寫作功力，只要能讓讀者順暢的閱讀文字與理解內容，就是一篇優秀的文章。換句話說，就是**讓讀者在閱讀時，不必額外花時間理解文中要傳達的意思，看一次就懂。**

3 結論想有說服力，中間推導過程不能省略

英語的「logic」翻譯為「邏輯」，就是指「經過辯證、分析、推理等過程，釐清前因後果的方法」。我會在本書教大家如何以邏輯為基礎，寫出他人難以反駁的意見與論點。

「原油價格下跌。」

「以原油為原料的加工製品，價格也因此產生波動。」

「汽油是從原油裡提煉出來的，所以汽油的價格也會跟著下跌。」

前面的例子，就是非常典型的「三段論法」（Syllogism）——從前提往下延

伸，可進一步推導出大家都能接受的說法：「以原油作為原料的加工製品，包括汽油等，價格都會跟著下跌。」只要證明「○○加工製品的原料是原油」，就能得出「○○價格會跟著下跌」的推論。

接下來可繼續推論，「類似這樣以原油為原料的加工製品有很多，涵蓋的範圍也非常廣，市面上的商品價格將因此下跌。」並沿著這樣的脈絡，主張「通貨緊縮的情況可能會持續」。像這樣，有前面一連串的推論過程作為輔助，提出的主張就具有說服力。

不過有些人在表達意見時，常會省略中間推導的過程，直接提結論：「因為原油價格下跌，所以通貨緊縮的情況還會持續。」或許在他們的腦海中，確實經過周詳且縝密的推導，但由於沒有完整傳達，因此聽眾或讀者會聽得一頭霧水。切記，**不要隨意省略中間的推導過程，要盡可能讓所有人在讀完內容時，能理解因果之間有明確的關聯性，他們才能確切掌握你想表達的意思**。

很多人講話會沒頭沒尾，例如有些長輩會說：「梅雨季節就快要結束了，得找一天去銀行一趟。」這句話乍聽之下，實在令人滿頭問號，「梅雨季節快要結束」跟「去銀行」到底有什麼關係？

但如果我們知道「梅雨季快要結束」，這句話背後隱藏的意思是「夏天即將來臨」，又進一步知道這位長輩「家裡的冷氣故障，須換新」，就可推測他之所以說要去銀行，可能是為了領錢買新冷氣——這樣想才符合邏輯。所以在表達一件事時，面對一知半解的對象，有義務要把所有隱藏的資訊都交代清楚。

另外，英文在學術研究領域或商業溝通場合，都被視為是全球共通的語言。能善用英文來溝通的上班族，確實讓人相當佩服。我認識不少英文能力傑出，同時在外商企業大顯身手的優秀人才；但我也認識不少在學時英文成績優異，出社會後卻表現平平的朋友。是什麼造成這兩者之間的差異？

其實，英文只是一種溝通手段。就算它是全球共通的語言，表達時還是要有邏輯、有條理，別人才能聽得懂，這跟使用什麼語言並沒有直接的關係。

我以前在溝通方面就吃了不少悶虧。因為我過去不擅長邏輯思考，講話時常前言不接後語，有時更沒發現自己前後矛盾。我在進入報社工作後，從不斷撰寫新聞報導的經驗中，才一步步的學會如何有邏輯的論述一件事，並以大眾能理解的方式傳達訊息。

不過，有時明明已經寫出條理分明且好理解的內容，但企劃還是不被認同，這通常是因為提案人**只一味表達自己的看法**，卻忽略了這些觀點，不一定符合聽眾、讀者或客戶的需求。這時哪怕條理有多分明、文字有多簡潔洗練，仍難以打動對方。例如提到「我們的商品有三大優點」，如果這些特點不是客戶重視的，介紹得再精彩也是徒勞。

換句話說，不要從自己的角度出發，而是有意識的揣測：「對方看到這段文字的感受是什麼？」

美國經營管理顧問艾瑪．惠勒（Elmer Wheeler）有句經典名言：「不是要販售牛排，而是要販售『滋滋作響』的煎牛排聲！」其中的「滋滋作響」（sizzle）是指煎牛排時，富含肉汁的牛排被煎得肉香四溢，肉汁滴到烤盤上發出「滋滋」的聲響。此時不用多說什麼，只要讓客人聽到這種聲音，他的腦海中自然會浮現「這塊牛排好像很好吃」的想法。這比描述牛排本身的特色，例如「有豐富的蛋白質、口味多好多好」等，都要來得更有說服力。

從這個例子可發現，**如何觸發客人的感受**，**是行銷的重要關鍵**。而這也正是寫作的祕訣——站在讀者的立場，才能寫出觸動人心的文字。

4 寫作就像寫情書，先考慮對方心情

「一直被主管改來改去，不管寫什麼，主管都不滿意。」許多人對寫商用文章感到沒自信，往往連寫一封郵件，都會陷入苦戰、掙扎半天。造成這種困境的原因只有一個，就是不懂其中的規則與訣竅。

以前在學生時代，老師總會在國文課上教導，寫作文要重視**「起承轉合」**，**但這樣的寫作技巧，並不一定適用於商用寫作中**。若使用起承轉合來描述一件事，往往**會讓開頭過於冗長**，讀者看半天還看不到重點，就會懶得繼續看。

想引起讀者的閱讀興趣，讓他持續把整篇文章看完，**取決於文章的一開始**，有時甚至第一句話，就決定全篇文章的成敗。那麼，如何下筆才算是有吸引力的開頭？我推薦以下幾種方法：

- 向讀者提出疑問，讓讀者一起思考這個問題。
- 寫下一段對話（旁白）或營造一個情景。
- 從讀者迫切關注的實際狀況進入主題。
- 提到大眾關注的議題或新聞事件。
- 用具衝擊性的言論來吸引讀者注意。

就像我前面所說的，行銷跟談戀愛很像，所以商用寫作就像是寫給受眾（讀者或客戶）的情書。

有人說過：「不受歡迎的人，通常只顧著吹噓自己的過去；受歡迎的人，會跟對方一起討論未來。」換句話說，寫文章時連同「對方的一切」一起考慮，才能寫出優秀的內容。例如，從對方感興趣的話題切入，想辦法引起對方的共鳴，然後說出自己想傳達的事情或想法。

用比較浮誇的講法就是，請把「我想對全世界傳達什麼樣的訊息？」或「要怎麼表達，才能讓聽到的人開心接受？」這樣的疑問放在心上，並時時刻刻詢問自己。

如果希望他人閱讀自己寫的文章，這意味著對方必須空出一段時間來做這件事；作家期望讀者買書也一樣，**如果讀者不是真心覺得「對自己有幫助」或「感覺真的很有趣」，就很難心甘情願的掏錢買單**。或許偶爾會因為交情或想攀關係而購買，但大多時候，我們無法要求對方非看不可，而是寫出對方想看的內容，對方才會主動閱讀。

雖然現在因科技進步，想利用社群平臺發表文章或撰寫貼文，變得比以前容易。但由於每個人會接觸到更多資訊，因此相對的，想讓文章觸及到更多群眾、被大家閱讀，也越來越難做到。在這種情況下，你認為讀者會願意為你產出的內容，付出多少時間或金錢的代價？

我相信能打動讀者的，絕對是出自真心表達、細心規畫的內容。所以內容創作者一定要拿出真心誠意，才有機會被看見。

5 用一句話，點出你的主旨

不論是提筆寫作或敲鍵盤，無法順暢表達心中想法的人，通常都是因為沒有先認真思考，自己究竟要講什麼就開始寫。因此寫作前花時間思考，非常重要。

接著，你可以整理想到的內容。整理的第一步，是**用一句話（或一段文字）點出文章的主旨**，確定自己究竟想表達什麼事，像新聞報導的標題，明確指出文章的走向；第二步，是**條列出與主旨相關的要點**。

接下來的第三步，則是將要點加以分類或刪除。此時，可將同類型的敘述放在一起，或按照原因與結果、贊成與反對、優點與缺點等，用比較的方式分門別類，並把跟主題沒有明顯相關的內容刪除。

然後，可以為這些整理好的要點加上編號，以數字的順序表示重要度高低。

如此一來，寫作時就能一目瞭然的看出哪些段落要先寫。

除此之外，能正確傳達訊息的文章，通常會包含「5W1H」，當中包括「Why」（為什麼）、「Who」（誰）、「What」（什麼事）、「Where」（哪裡）、「Where」（什麼時候）與「How」（如何做）。

但我更推薦**透過「6W3H」構思內容**，6W3H就是在原有的5W1H當中，加入「Whom」（為誰），並從原本的「How」中，再加入「How many」（有多少）與「How much」（多少錢）。只要能善用6W3H思考內文，不僅能讓論述更豐富，還有助於提高讀者的認同感（參考下頁圖表）。

我們在寫作時，常誤以為自己知道的事，讀者也都知道，但並不一定如此。想寫出好懂的文章，要避免讓讀者產生疑問，並詳細說明相關資訊。

下筆時請將最重要的主旨放在前面，然後一邊將條列出的要點加入內文中，一邊思考怎麼寫，可以讓讀者清楚理解。

有時在寫作過程中卡關，多半是因為自動省略了「Why」（為什麼）。請記得，要一邊問自己「為什麼」，並一邊為問題提供解答，再將解答當作內文，就能寫出一篇資訊充足、內容完整的文章。

什麼是 6W3H ？

6W		3H
Why 為什麼	**Where** 哪裡	**How** 如何做
Who 誰	**When** 什麼時候	**How Many** 有多少
What 什麼事	**Whom** 為誰	**How Much** 多少錢

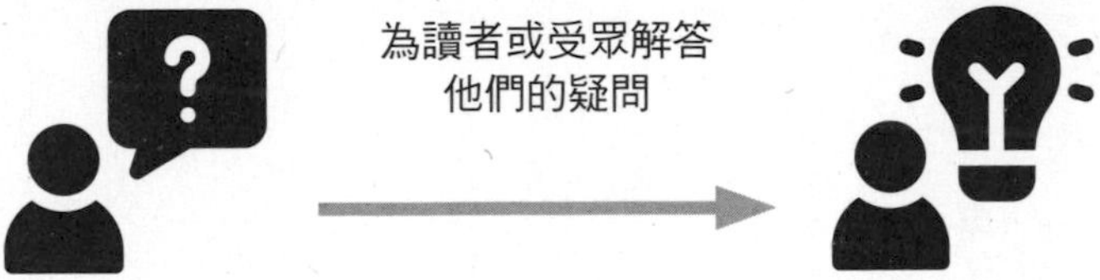

6 每段文字只提出一個重點

「明明已經把所有想說的事都寫進文章中，怎麼整篇文章看起來怪怪的？究竟應該要怎麼寫，對方才能看懂？」寫作遇到這種狀況時，只要修改內容的排列順序或描述方法，不通順、不易閱讀的狀況，應該就能大幅改善。

其中最重要的，就是**每段文字，只提出一個重點**，而且每段文字，要盡可能簡潔。如果整段文章寫完後，還有其他須說明的內容，請務必另起一段，讓整段文字的篇幅維持在四到五行左右，並善用連接詞串接上下文，文章讀起來就會更順暢。

以下提供範例讓大家參考：

範例（修改前）

ROYAL HOLDINGS 基於應對新冠肺炎造成的商業環境變遷，與提早改善財務基礎的目標，於二月十五日時，與双日簽署資金及業務合作協議，藉此確保短期營運順利和發展海外事業、強化供應鏈與客戶關係管理系統，以及開創新事業等成長投資所需的資金，同時期望能增強集團資本、改善自有資本比率，藉由跨域合作獲得相乘作用。

ROYAL HOLDINGS 以双日為配股對象，透過第三方配股發行新股，預計發行的普通股股數為五百八十二萬零七百股，股價為每股一千七百一十八日圓，所募集的資金總額為九十九億九千九百九十六萬兩千六百日圓，該筆投資案的資金，預計於二〇二一年三月三十一日到位，並首次提供認購新股的權利。注資完成後双日有表決權的持股占比為一三．三一%，可預期双日將會成為 ROYAL HOLDINGS 的最大股東。增資金額將會用於，投資 ROYAL 調理包「Royal Deli」的生產製作，以及開發一條全新冷凍開胃菜生產線等計畫，預計將投入高達一百二十一億日圓用於成長與開發相關項目。

像上面這樣的寫法，既囉唆又瑣碎，讓人看了就覺得厭煩，對吧？以下是修改的範例，你可以比較看看：

範例（修改後）

大型餐飲業者 ROYAL HOLDINGS 於二月十五日宣布，將與双日集團簽署資金及業務合作協議，以因應新冠肺炎後所造成的商業環境變遷，並提前改善公司的基礎財務狀況。透過本次向第三方增資、發行新股，預計將自双日集團取得約一百億日圓的資金挹注，而未來双日集團亦可望成為 ROYAL HOLDINGS 的最大股東。

本次的增資案，將向第三方投資人双日集團發行普通股五百八十二萬零七百股，股價為每股一千七百一十八日圓，所募集資金總額，高達九十九億九千九百九十六萬兩千六百日圓，該筆投資案的資金，預計於二〇二一年三月三日到位，並首次提供認購新股的權利。注資完成後，双日集團有表決權的持股占比將達到一三·三一%。

ROYAL HOLDINGS所募得的資金，將會用於確保短期營運的現金流穩定、進軍國際市場，以及創建新事業體與新產線等用途。具體項目包括ROYAL調理包「Royal Deli」的開發與生產製作、打造一條全新冷凍開胃菜的生產線，預計投入高達一百二十一億日圓，用於成長與開發等相關項目（按：依二〇二二年六月初匯率計算，一日圓約等於新臺幣〇・二三元）。

7 避免使用被動語氣

一個句子當中，「謂語」（按：句子中，說明主語的性質或狀態的描寫語）被用來說明、修飾主語。**如果謂語與主語的距離太遠，往往會讓人在閱讀時誤會文章的意思。**

例如：「我們公司的經營理念，是貫徹顧客至上的信念，達到日本第一的銷售提升。」這個句子當中有兩個問題，第一個是「達到日本第一的銷售提升」，究竟是指「我們公司的經營理念」，還是「顧客的信念」？第二個是「日本第一的銷售提升」，是指要銷售什麼、提升什麼？

這麼寫會讓主語與謂語之間的關聯性變弱，不容易解讀出句子的真正含意；而且只寫「銷售提升」，好像後面少了什麼，也讓看的人摸不著頭緒。我建議修改為：「我們公司的經營理念是，以成為日本銷售冠軍為目標，並堅守『顧客至上』的信念。」

我再提出兩則修改前後的範例，大家可以比較一下：

範例（修改前）

自日本泡沫經濟破裂後，日本的百貨公司因為高單價商品需求降低、宜得利家居或UNIQLO等企業採用的SPA模式（零售商專業經營自有品牌的模式）興起，以及市郊的購物中心增加等因素，不得不相繼結束營業，市場規模也縮小至不到高峰期（一九九一年）的一半。

範例（修改後）

自從日本泡沫經濟破裂後，百貨公司的市場大幅度萎縮，一方面是因為高單價商品的需求降低；另一方面包括宜得利家居或UNIQLO等企業，其

SPA模式（零售商專業經營自有品牌的模式）興起，以及市郊的購物中心增加等理由，導致日本各地區百貨公司相繼結束營業，市場規模也縮小至不到高峰期（一九九一年）的一半。

另外，要避免使用模稜兩可的寫法。

例如：「在活用脫碳（按：透過減少二氧化碳排放，阻止氣候變遷持續惡化）技術方面，許多日本企業不像歐美企業。」這句話不論解讀成「歐美企業活用脫碳技術，而日本企業沒這麼做」，或「日本企業活用脫碳技術，而歐美企業沒這麼做」都合理，意思卻完全相反。所以這種曖昧不明的表達方式，在商用寫作上最好盡量不要使用。

如果想表達兩者都一樣，可以寫「許多日本企業與歐美企業一樣，都沒有活用脫碳技術」，或「許多日本企業與歐美企業一樣，已經十分活用脫碳技術」；如果想表達兩者不一樣，可以寫「相對於歐美企業來說，許多日本企業並沒有活用脫碳技術」。

還有一個重點，就是商用寫作時，**盡量避免使用被動語氣**。或許你想表達第三者的客觀態度，但對讀者而言，這反而給人逃避責任的感覺。

例如寫「某件事被認為……」，讀者看不出來「被誰這麼認為」。因此，如果很明確的知道是誰做某件事，直接說「本公司認為某件事……」或「我個人評估……」，更容易建立信任感。

8 一句話，不要超過兩個「的」

我建議寫作時**盡量不使用語意籠統的形容詞**，例如「好吃」、「有趣」、「開心」、「悲傷」、「可愛」等。

有許多大家經常使用的形容詞，雖然聽起來沒什麼問題也方便好用，但放在文章裡，可能會讓文章變得單調、乏味，難以呈現更詳細的重要資訊。例如，**只寫「好吃」，究竟是多「好吃」？你說「開心」，又是「開心」到什麼程度？**

其實，形容詞可以這樣轉換：

- 好吃↓高湯的香氣撲鼻、像阿嬤做的古早味……。
- 有趣↓充滿故事性、出乎意料的發展、笑到肚子抽筋……。

- 開心↓興奮雀躍、高興得想飛起來……。
- 悲傷↓淚眼汪汪、整天唉聲嘆氣……。
- 可愛↓像小狗一般……。

最好也少用語意模糊的副詞，例如「稍微的」、「意外的」。想強調某件事，可以利用真實的數據來表達，我會在本書的第三章中詳細說明。

翻閱報紙時應該不難發現，報導中很少使用語意模糊的形容詞與副詞。越是專業的記者，在撰稿時越會注意這些細節，努力寫出讓讀者清楚易懂的內容。

此外，也要避免在一句話中，連續出現太多「的」字，例如：「敝公司的主要事業的綠化環境的業務部分的營業額，呈現穩定持平的狀態。」像這樣在文章中出現一連串「的」，像是小學生寫的句子，給人不專業、缺乏文字組織能力的印象。

只要把整段文字重新組合後，就可以調整為：「敝公司主要營業項目為環境綠化業務，該業務的營業額目前穩定持平。」緊記一個原則：**一句話中，最多不要超過兩個「的」**。

同樣的，也要盡量避免簡單的句型重複出現，例如：「日本是世界第三大經濟體，GDP（國民生產毛額）是在美國與中國之後的第三名，但二〇二〇年的GDP是負成長。有鑑於新冠肺炎疫情的持續擴大，二〇二一年的景氣也將是相當黯淡。」在這樣短短一段文字中，就重複用了四次「……是……」的句型，會讓文章顯得瑣碎又不專業，並讓讀者感到不耐煩。

建議可修改為：「日本是繼美國與中國後的世界第三大經濟體，但二〇二〇年的GDP（國民生產毛額）陷入負成長；有鑑於新冠肺炎疫情持續擴大，可推估二〇二一年的景氣依舊會相當黯淡。」

第二章

作文高手愛用的「起承轉合」，職場不適用

1 倒三角形寫作法，最重要的放前面

很多人以為，文章的內容越長越有價值，但如果簡短幾句話能傳達意思，就不需要長篇大論。

豐田汽車（TOYOTA）有個廣為人知的內部規定，就是他們不論寫報告或企劃，都必須將內容濃縮在一張Ａ3或Ａ4紙中，反映出該公司「講求效率」的企業文化。畢竟從現實層面來看，要求忙碌的高階主管一頁頁仔細閱讀員工的企劃書，實在是一件為難對方的事。

此外，在這個資訊爆炸的年代，面對一篇文章時，讀者往往只用幾秒鐘，就決定要繼續讀或略過。因此，論述簡潔扼要，讓讀者一看就覺得好像可以輕鬆看完，變得更加重要。

那麼，如何寫出精簡的文章？平面媒體的新聞報導是很好的參考範本。一份報紙的文字量，大約等於兩本書的字數，但讀者根本不可能在忙碌的早晨中，細讀整份報紙。所以每篇報導，都會盡可能讓讀者就算沒時間仔細閱讀，只要大略掃過，就可以快速掌握內文的重點。

為了能快速傳遞資訊，報導中經常會使用**「倒三角形」寫作法**，也就是**在開頭，先用一句話（或一段話），呈現最重要或最想表達的內容**，之後再把其他的資訊，依重要性來排序說明。新聞報導的第一段，通常會用5W1H來破題，包括什麼時候（When）、誰（Who）、在哪裡（Where）、做了什麼事（What）、為什麼（Why），以及怎麼做（How）。

有時報社會遇到這種情況：報紙在印刷前，臨時須插入重大突發新聞，但報紙的版面已經完成編排。此時有經驗的編輯，就會從報導的尾段開始刪改內文篇幅，以空出版面又不會動到其他文章的重要內容。

要寫出順暢好懂的文章，就如同蓋一棟堅固的房子，得先打好地基，接著架起梁柱。

所謂的地基，是一篇文章的主要論點（結論、主張）；梁柱是用來支撐結論的內容，也就是第一章第五節提到的，與主旨相關的要點，而這些要點能當作文章中的小標題；房屋的牆壁或窗戶，則是要點的具體案例或細節等。

若以同一個的結論、主張為基礎，寫下各個段落，那麼整篇文章的結構就牢不可破。

2 刪、刪、刪，多一句不如少一句

商用寫作時，刪除多餘的內容，才能讓內文讀起來不拖泥帶水。以下這些內容，你應該將它們刪除：

- 就算不特別說明，大家也都知道的資訊。
- 重複的內容。
- 語意模稜兩可的句子。
- 不必要的贅字。
- 多餘的修飾。
- 無意義的開場白或非必要的鋪陳。

・另外，自己寫的文章，不必一直強調「我如何……」或「我覺得……」。

相信學過經營管理的人，應該都討論過「何謂戰略」之類的議題。我曾聽某位老師針對這個議題，提出他個人的看法。他說：「所謂『戰略』，就是思考出如何不開戰、不動武，就解決問題的方法。」亦即「戰略」這兩個字，也可以視為「省略戰爭」的縮寫。

在寫作上也是如此，只要可以把事情講清楚，「多一句不如少一句」，應把能刪減的部分都放膽刪除。

文章要緊扣著核心（也就是主要論點）來寫，太多跟主要論點無關的內容，會讓主題失焦。因此，哪怕已經寫了一萬字，只要發現其中有八千字是多餘的，就算刪完只剩下兩千字，也沒有留戀的必要，請一定要鼓起勇氣，把這些多餘的部分刪除。

相反的，當你須增加文章的長度，可以參考這些做法，來支撐本文的主張，使內容更加完整：

- 討論案例。
- 提出對比的內容。
- 說明理由。

我們來看以下的例子：

範例：一般描述

對企業的持續發展而言，開拓新市場是非常重要的一環。因為無論商品或服務，都有其一定的市場年限，例如智慧型手機問世後，原本開發與生產數位相機的製造商，不得不因應市場的改變，來調整公司事業結構。

範例：加入具體案例支撐論點

對企業的持續發展而言，開拓新市場是非常重要的一環。因為無論商品或服務，都有其一定的市場年限，例如智慧型手機問世後，原本開發與生產數位相機的製造商奧林巴斯（Olympus）或佳能（Canon）等業者，不得不因應市場的改變，來調整公司事業結構；又例如過去專門販售工作服的服飾品牌WORKMAN，瞄準戶外運動愛好者與女性等新客群，開發新品、開拓新店，讓銷售額持續攀高；此外，為了因應日本國內市場受到少子化與高齡化等衝擊影響，市場規模日漸萎縮，迅銷（FAST RETAILING）與無印良品等業者，現正加速拓展海外市場。

範例：加入具體案例與對比的內容，來充實論點

對企業的持續發展而言，開拓新市場是非常重要的一環。因為無論商品或服務，都有其一定的市場年限，例如智慧型手機問世後，由於智慧型手機瓜分了部分數位相機的市場，導致小型數位相機銷售持續下滑，原本開發與生產數位相機的製造商，不得不因應市場的改變，調整公司事業結構。

二〇二一年一月，奧林巴斯（Olympus）將主力為開發數位相機的影像部門，轉售給 Japan Industrial Partners 投資基金。而同業的佳能（Canon），則在二〇一五年時，透過收購瑞典的網路監控攝影設備廠——安迅士網路通訊公司（Axis Communications AB），進軍開發監視攝影等新業務。

不過須特別注意，補充文字後，記得檢查內文中，是不是有過長的前言或太繁瑣的解釋；也要留意舉出的具體案例，是不是真的跟本文核心（主要論點）有關，並避免出現太多重複的內容，以免讓讀者感到不耐煩。

3 三明治寫作法，重點放在開頭與結尾

以前在學生時代，老師總會提醒寫作文要重視「起承轉合」，但這並不是報章雜誌等新聞寫作中慣用的方法。

一般新聞寫作慣用的結構是「三明治寫作法」：**文章的開頭與結尾寫主張、結論，中間的內容則提出具體案例或理由（根據）**，讓論點更有力。就像是一份三明治，上下層的吐司是主張、結論；中間的火腿、雞蛋、生菜等材料，是具體案例或數據；至於用來黏合食材與吐司的奶油或醬料，就是邏輯。

坊間的寫作課或是簡報講座當中，常會提到應用此方法的寫作法，例如SDS法：S（summary，重點）→D（details，細節）→S（summary，重點）；或PREP法：P（point，主張）→R（reason，理由）→E（example，案例）

↓P（point，主張）等。

這個例子，便是用ＳＤＳ法寫出來的大綱：應終止舉辦展覽活動↓因新冠肺炎疫情擴大，為避免群聚感染風險↓應儘早決定停辦展覽，並通知所有的參加者。

以下是活用ＳＤＳ法的另一個例子：

問題

你是否贊成在搭乘電扶梯時，空出一側通道，讓趕時間的人快速通行？

回答範例

我反對「在搭乘電扶梯時，空出一側通道，讓趕時間的人快速通行」。因為我認為，確保一個能讓大眾都感到安心的環境，是非常重要的，公共場所不僅要照顧到高齡或身障者的使用需求，也必須讓一般使用者感到安心。而在電梯上快走或奔跑，對當事人或其他人來說都很危險，相關事故層出不窮，就連我父母都曾向我抱怨過，在搭乘電扶梯時，常因為有人匆忙的從身邊走過而感到不安。

確實有些人因為工作忙碌或臨時有緊急事件，想走空的那側來快速通過電扶梯；我在趕時間時，可能也會想這麼做。但現在已有許多大眾運輸營運單位和商業設施，都呼籲民眾搭電扶梯時站成兩列、不要行走或奔跑。當每個人都遵守規則，才能維持社會的安定，讓大家安全且放心的生活。

不過，若為了避免人們在電扶梯上行走、奔跑，要求一定要在電扶梯上排成兩排，也不是一種有彈性的解決方法。況且在通勤的尖峰時段，民眾分兩排站滿，如果有一個人跌倒，就會引起「骨牌效應」，連帶其他人一起跌倒。因此不妨將規則制定為「可依現場人流狀況，保持安全距離」，如此一來，即使每階電扶梯只站一個人，另一側也不會有人隨意通行，確保大家都能安全、安心的搭乘電扶梯。

這篇範例中，一開頭就表明自己贊成或反對的立場。接著提出反對的理由，亦即「確保一個能讓大眾都感到安心的環境，是非常重要的」，並以自己父母的負面經驗，讓理由更具說服力。

第二段則站在另一方的立場，針對讀者可能會產生的質疑做解釋，以「因為工作忙碌或臨時有緊急事件，想走空的那側來快速通過電扶梯」開始討論。最後提出自己的主張：建議採取有彈性的規範。**如此避免純粹從個人立場來發言**，以爭取讀者認同。

接下來，我提供另一篇使用PREP法的範例給大家參考：

問題

日本政府在二〇一九年將消費稅調漲至一〇%，並規定從二〇二一年四月起，商品價格均須標示含稅價。你覺得這會造成什麼樣的影響？

回答範例

日本自二〇二一年四月起，商品價格均須標示含稅價，因為「商品可標示未稅價」的特別措施，實施期限只到三月底。也就是從該年度四月一日起，凡是原本標示為「九十八日圓（未稅）」的商品，都須改標示為「一百零五日圓（含稅，食品類為八%）」或「一百零七日圓（含稅，其他類為一〇%）」。這看似微幅的改變，在消費者心中帶來不小的衝擊，例如九十八日圓與一百日圓之間雖然只差了兩日圓，但看在消費者眼裡，價格卻從兩位數變為三位數，馬上就會感覺到價格上漲不少。

類似九十八或一千九百八十日圓等定價策略，一般被稱為「非整數定價法」，目的是選用非整數的定價金額，營造彷彿比整數便宜很多的感覺（雖然跟整數比，兩者金額沒有差多少），這種方法在心理學上也被稱為「畸零定價法」。換句話說，刻意把價格定為九十八或一千九百八十日圓，目的是想運用兩日圓或二十日圓的細微價差，讓消費者在心中產生，「不到一百日圓或兩千日圓就能買到」的優惠感。市面上許多食品、日用品或服飾等，都廣泛運用這個方法來定價。

而且在日本，也十分常見用尾數「八」的價格來為商品定價，有人說是因為這個字的形象，象徵越來越興隆的含意；也有人說「一百九十八、兩百九十八」之類的數字，唸起來特別順口等，雖然來源已不可考，但這些定價方式，在日本消費稅政策改變後，勢必將受到影響。

回顧日本消費稅的發展過程，自一九九七年四月從三％提高到五％，二〇一四年更進一步提高到八％，到了二〇一九年正式邁入一〇％的大關，每一個階段都曾影響過商品的定價方式。

尤其從二〇〇四年四月開始推廣實施「總額標示義務」（商品應標示含稅價格），此時有許多日本大型企業為了維持非整數定價的金額，會自行吸收消費稅價差，用原本未稅的價格當成已含稅的價格來販售，減輕消費者的負擔。

但當初在推廣「總額標示義務」政策時，考量到消費稅預計將分階段逐步調升，所以並未強制規定非得標示含稅價，更提供了一定期間作為政策實施的緩衝期——也就是在二〇二一年的三月三十一日之前，實施可以標示未稅價的特別措施，讓商品在標價時，仍然可採用「一百日圓＋稅」的方式來表現，而這也正是許多超市、賣場或藥妝店，往常慣用的標價方式。但在緩衝期結束後，商品須一律標示為含稅價格。消費稅目前高漲至一〇％，未來若企業想全面吸收稅金價差，會越來越艱辛。

然而，根據多次市場調查的結果，都顯示出消費者想一眼就看到包括消費稅的總金額，可見改變價格標示的政策，其實是回應民眾需求。而也有部分業者回應消費者的期待，例如UNIQLO等品牌，把原本「一千九百九十日圓」、「三千九百九十日圓」等未含稅的價格，直接當成含稅價格來販售，等於變相打折了。

可見無論是一九九七年、二〇一四年或二〇一九年，每當消費稅提高時，消費者心理與消費意願都會受到連帶的影響。因此，如何在每一波衝擊中，善用定價與標價的技巧來爭取消費者的認同，就要看各領域業者如何展現智慧。

這篇寫作範例，一開始就點明「日本自二〇二一年四月起，商品價格均須標示含稅價」（P：point，主張）；接著闡述理由「因為『商品可標示未稅價』的特別措施，實施期限只到三月底」（R：reason，理由）；後續再介紹店家採用的「非整數定價」策略，並提到消費稅提高時，由於消費者心理受到影響、定價策略受到衝擊，業者會越來越艱辛（E：example，案例），同時介紹UNIQLO等業者，針對價格標示採取優惠措施，作為內容的補充（E：example，案例）；另外，文章從頭到尾都呼應一開始「消費者心理」的關鍵字，作為整篇內容的核心（P：point，主張）。

④ 預設對方的反面意見，主動反駁

本篇會詳細說明，如何**預設讀者的質疑與反面意見，並主動反駁**。

基本上，大致可分為以下四個流程（參考左頁圖表）：①提出主張或論點↓②說明理由（為什麼這麼說……）↓③預設讀者可能會提出的相反論點或反對意見（的確，有些人可能會認為……）↓④反駁（然而……）。

以下這個例子，便是先寫下讀者可能會提出的疑問或反面意見，之後回應這些質疑：

①比起電話，用郵件溝通更好↓②為什麼這麼說？因為用郵件來往，能留下文字紀錄↓③的確，有些人可能會認為用電話直接溝通，可以聽見對方的聲音，就能從說話語氣直接感受到對方的情緒↓④然而，就商業領域而言，正確的傳遞

如何寫出具有說服力的文章

方法1：三明治寫作法

前言 提出主張或論點。
▼
本文 論點的理由、根據。
▼
結語 彙整後，重申主張或論點。

方法2：預設反面意見並回應

意見 提出主張或論點。
▼
理由 論點的理由、根據。
▼
預設反論 預設讀者可能會提出的相反論點或反面意見。
▼
結語 回應反面意見的內容。

△ 一味的堅持主張
○ 接受對方的看法
↓
展現理性、冷靜的中立態度

資訊與留下來往的紀錄，比情感交流更重要。

之所以要舉出相反論點並加以回應，是為了展現自己並非一味堅持主張，**也會站在相反的立場，考量他人的意見或觀點，並認同對方某部分的想法**，藉此突顯冷靜、理性的中立態度，接著再從對方的意見中延伸出④反駁。這麼一來，就能大幅提高文章的說服力與讀者的認同感。

5 內文提出小缺點，反而能取得信任

延續上一篇的內容，OPQA法便是透過在文章中加入質疑與解答，來表達主張。此方法是由經營管理顧問山崎康司提出，寫作流程大致如下（參考下頁圖表）：①O（objective，期望達成的目標）→②P（problem，目標與現況之間的落差）→③Q（question，讀者或受眾可能會產生的疑問）→④A（answer，為前項的疑問提出解答）。

例如：①希望能大幅提高業績→②因為業績表現持續低迷→③要怎麼樣才能提高業績？→④建議可採行的方法為……。

像這樣，③提出的質疑，是讀者在接收到①與②的內容後，可能會產生的疑問。最後用④來回應③的問題，並強調步驟④的回答，可達成①的目標。

OPQA 法：加入疑問與解答，來表達主張

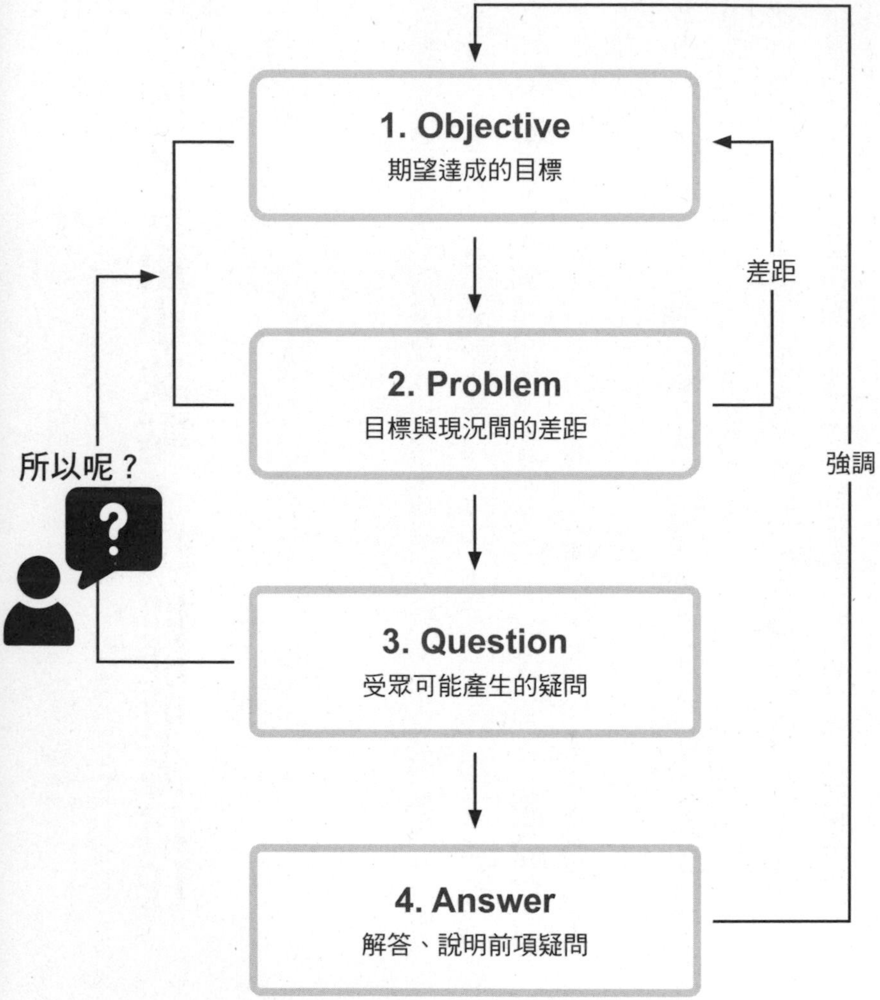

以下也是先提出質疑後回應的例子：

問題

應該讓小學生持有智慧型手機嗎？

回答範例

我個人認為，應該讓小學生持有自己的智慧型手機。畢竟現今社會朝向數位化快速發展，有許多智慧型手機的應用程式，也相繼推出讓生活更便利的各種新功能。如果讓孩子從小就開始學習操作智慧型手機，或讓他們熟悉社群網站的運作，進而提高數位溝通的能力，對孩子的學習成長可說是一大助力。

日本孩童擁有智慧型手機的比率持續攀升，根據日本內閣府的調查報告指出，四年級以上小學生持有一般手機或智慧型手機的比率，二〇一〇年為二〇・九％，到二〇一七年時增加到五五・五％。此外，根據一份二〇一八年三月在東京做的市場調查顯示，家長讓孩子使用智慧型手機的理由，除了「因為孩子吵著要」占三三%之外，其他像是「想知道孩子人在哪」占三〇%、「想讓孩子增加數位應用的能力」占一五%。

現代人每天手機不離身，看著家長使用智慧型手機，孩子自然也想跟著用。再加上雙薪家庭增加，爸媽每天都要上班工作；且孩子進入小學階段，自己出門遊玩的機率也提高了。因此，親子間依賴智慧型手機來聯繫，都是日本孩童擁有個人手機、使用智慧型手機比率持續攀升的理由。

說到智慧型手機裡許多讓生活更便利的新功能，其中就包括手機版的「Google 地圖」，有「分享位置」的功能，可將自己的所在位置傳送給另一名用戶，這對爸媽掌握孩子的動態就十分有幫助。而日本瑞可利集團也開發一款應用程式，找來許多升學補習班的名師講授學業課程並拍成影片，讓孩子可透過網路在家中自行觀看學習，費用也相當實惠，這些都是讓孩子使用智慧型手機的好處。

但有人可能會說，讓孩子自由使用智慧型手機，容易帶來一些負面影響，例如日本警察廳曾做過調查：二〇一九年在社群網路上權益遭受損害的孩童，其人數高達兩千零九十五人，在十年間增加了八成之多；《拯救手機腦》（*Skärmhjärnan*）這本書也指出，過於沉迷智慧型手機，可能會導致失眠或心理健康等問題；東北大學「加齡醫學研究所」的川島隆太教授更提出一項研究報告，顯示孩子的學習成績與用功狀態並無明顯相關，受到智慧型手機使用時間長短的影響可能還更大。

但也不能因此就因噎廢食，畢竟從另一個角度來看，智慧型手機是幫助孩子學習的利器。例如一些難以在實驗室進行的實驗、肉眼無法觀察的反應等，都可以透過影片的方式呈現，讓孩子更容易理解；也能利用應用程式，增加孩子的學習效率。

與其消極的禁止小學生使用智慧型手機，不如積極建立一個大家都能安全使用智慧型手機的社會環境。所以我認為，應該要著眼於小學生使用智慧型手機的正面功能，給予他們更多參與數位新時代的機會。

這篇寫作範例的結構是：提出主張↓說明理由↓舉出正、反案例↓反駁（對反例提出解釋與澄清）↓重申主張（參考左頁圖表）。

也就是在內容中，加入「雖然有這樣的相反意見或反對看法，然而……」，先提出反例再澄清或反駁，藉以增加文章的客觀性。這個技巧，就是心理學當中的「兩面並陳」（Two-Sided Presentation，又稱為「兩面提示」），亦即不只陳述優點，也把缺點一併呈現，用來展現自己客觀、理性的立場、進而說服對方。

尤其當對方的地位較高或立場明顯相對時，把正面有利的資訊與負面資訊一起提出，反而更容易達到說服的效果。

例如有些店家向客人推銷商品或服務時，只說商品的優點或好處，像是說：「某某商品不僅性能優秀，更榮獲設計大獎，現在剛好舉辦促銷活動，能用非常優惠的價格入手。」但更好的方式，是使用兩面並陳的技巧，**把該商品的劣勢與小缺點，也一併告訴對方，就能取得對方的信任**，例如「因為這是舊機型，所以價格相當優惠」、「因為這個產品的功能單純，所以使用方法也非常簡單」。

使用兩面並陳技巧的最佳時機，在於讀者或受眾對這個議題或商品，已經有一定程度的了解，也具備相關知識與判斷能力。此時，當毫不隱瞞的把正、反面與優、缺點都告訴對方，反而能增加信任感，提高成功說服的機率。

如何在文章中反駁「反面意見」？

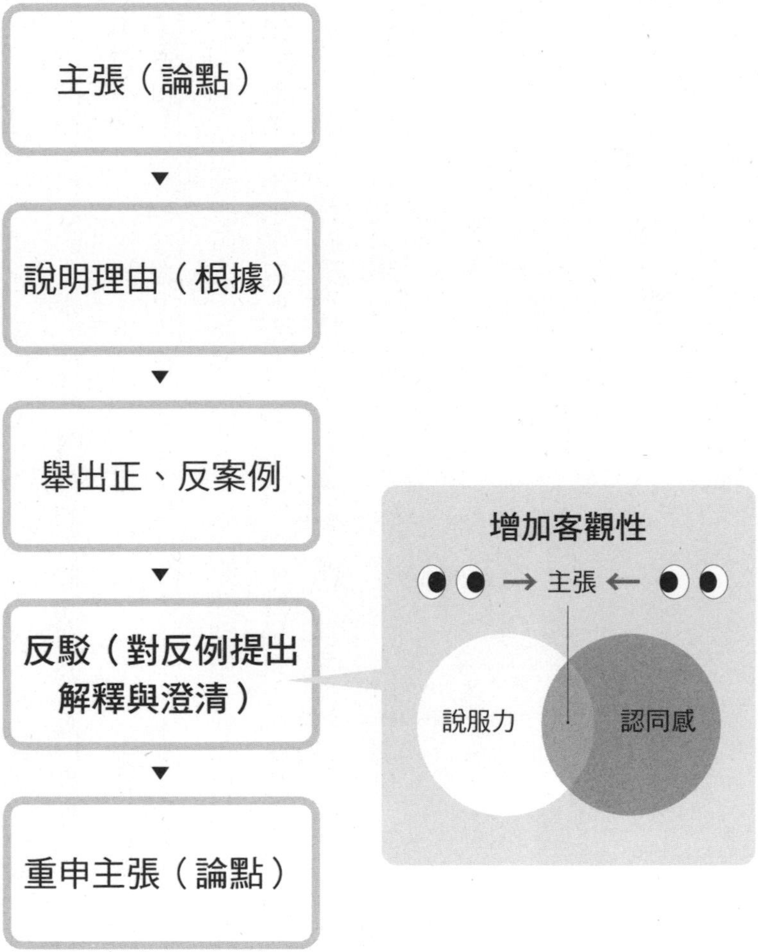

說穿了，就是最後再重申主張前，先加入反駁（對反例提出解釋與澄清）的內容，讓對方認為「作者的主張，確實有考量到各個面向的立場與需求」，提高讀者的認同感。

不論是請求他人或交涉談判，預先提出對方的質疑並加以解釋，會讓過程變得更順利。例如提出請求時，先設想可能會出現的拒絕理由，並先反駁。接著只要展現自己的熱情，再加強說明來打消對方的疑慮，像是說：「這樣做對你來說沒什麼損失，是個可以嘗試的選擇。」就能讓對方難以說不。

第 三 章

數據怎麼說，才有說服力

1 不要用「很多人」，要寫「一千人」

典型的商用文章，例如企劃書、提案報告等，都具備溝通對象（希望誰）與溝通目的（做什麼）。換句話說，寫作目的是希望目標讀者在閱讀內容後，做出決定或採取行動。

當內容簡潔、條理分明，就能產生說服力與認同感；若想傳達的事一口氣寫太多，或表達方式太雜亂，就很難讓對方接受到準確的訊息。所以，下筆前一定要先確認想寫的內容，是否符合想傳達的主旨。

如果作者只是純粹為了寫而寫，那寫出的文章就無法打動任何人。因此，請切記在寫作時，反覆問自己：「希望誰來做什麼？」

此外，寫作時，內容是否有足以讓人理解與認同的資訊，決定了能否讓他人產生認同感，對內容產生共鳴。

而這些資訊，其實就是事實（客觀事實與因果關係），而**數字或數據有助於敘述事實**。例如當文章提到「很多人」時，讀者的腦海中無法立刻浮現出具體的畫面，但如果寫出實際的數據，例如「一千人」、「三千人」，或「人數較往年增加五〇%」，就是比較好的客觀陳述（參考下頁圖表）。

尤其在新冠肺炎疫情的衝擊下，人們更常利用線上會議溝通，此時比起做許多解釋與說明，實際的數據資料更容易讓對方在短時間內理解。

數據有助於敘述事實

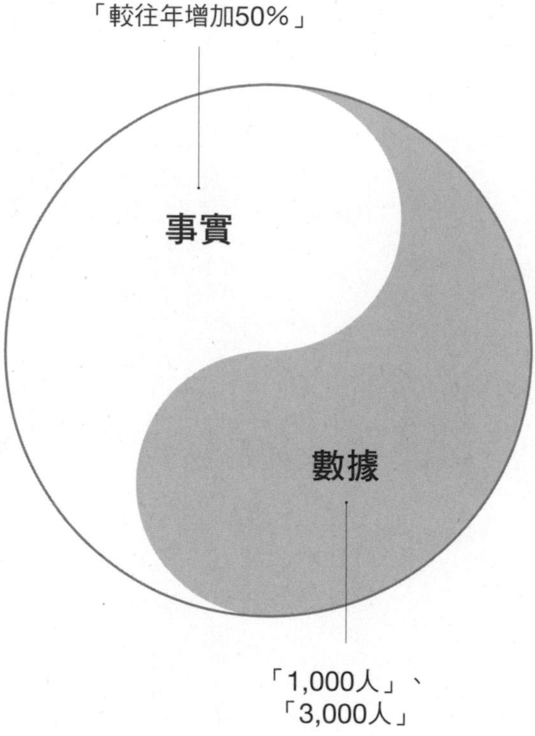

善用事實與數據，能創造認同感。

② 怎樣的事實，才稱作有根據？

前美國總統唐納・川普（Donald Trump）在過去，十分善於利用社群平臺推特（Twitter）發布訊息，操作或影響國際輿論。他一方面批評所有對自己不利的新聞媒體為「假新聞製造者」（Fake）；另一方面，則散布一些與事實不符的資訊，例如替民調支持度、參加就職典禮的人數灌水，甚至透過親信幕僚的粉飾，說自己發布這些與客觀認知不符的資訊，叫做「另類事實」（alternative facts）。其所作所為，可說是震撼了全世界的價值觀。

我們早在國中時，就已經學過「fact」這個單字，知道它的意思是「事實」或「真相」。許多媒體喜歡聲稱自己報導的內容是「fact」，就連受到川普猛烈炮火抨擊的美國有線電視新聞網（CNN），也標榜自己的經營理念是「真相第一」（Facts First）。當我進入報社工作後，前輩也總會反覆提醒：「你這篇報導的內容，是事件的真相嗎？你有根據事實來撰寫這篇新聞嗎？」這也養成了我在工作時，不斷問自己這個問題的習慣。

另外，暢銷書《真確》（*FACTFULNESS*）引用了豐富的數據資料與令人印象深刻的故事，藉此說明十種「因為我們自以為是的想法，阻礙做出正確判斷」的情境，並提醒人們應該要養成習慣，根據事實來正確理解世界。

不論是官方的發言或媒體報導，唯有經過查核事實的過程，才能確實提高可信度。所謂的「事實」，在字面上的定義為「事情的真實情形」，也就是以實際發生過的事為基礎，沒有摻雜謠言或個人的主觀想像。

一般在商業領域中，只有經過查核、確認過真實性的數據或資訊，才能被認定為是事實；至於在學術研究領域，甚至有人認為，只有不摻雜任何主觀邏輯推演的純數據，才算得上是真正的事實。

每個人雖然都有自己的價值觀，但所謂的事實，絕對不會被不同的個別想法左右。事實立基於大家對事件與資訊的共識，才有繼續往下討論的價值。

至於事實要怎麼樣才能算是有根據？就像前面所說，必須建立在「實際發生過」的基礎上，才稱得上是有根據。當主管或客戶要求一份文件或內容時，員工一定要提供有根據的資料。

一般來說，越強而有力的來源依據，等於越不容質疑的事實。要讓人信服，**不外乎提出數據、資料，以及有可靠來源的調查結果，甚至是公家機關或專家學者的統計或研究**。如果能在自己的文章或內容中引述這些資訊，就能增加發言的分量，提高說服力。

在構思一份文件內容或進行邏輯推演時，務必拋開主觀價值與個人偏見，養成透過事實來理性判斷的好習慣。

3 官方的人口統計資料，最多人使用

我們在日常生活中，也經常使用「事實」這個詞，可見它在溝通與表達上的重要性。

例如提出一份企劃前，除了先確認內容中是不是有完整的主張，更要檢視是否有足以支撐論點的事實。如果企劃書中缺乏完整的主張，不知道要傳達什麼，這份企劃書便完全沒有存在的價值。但如果提出的論點，只是自己的主觀看法，例如「我想這樣做」或「我覺得應該要朝這個方向進行」，卻沒有任何可以支持這些論點的事實，那也很難成功的說服別人。

事實就是大家對同一事件與資訊，有共識或相同的理解。而較能被一般大眾接受或信任的事實，像是政府機關或國際組織的統計資料與調查報告、樣本數符合統計意義的問卷調查、權威人士的研究論文與評論等，都相當具有代表性。

由於現今網路發達，想取得這些資訊，不必親自跑到國家級的大型圖書館，或拜訪有規模的資訊與研究中心。只要具備搜尋資料與數據的能力，就能在網路上找到符合自己需求的訊息。

那該如何應用這些資訊？以商品或服務為例，有時在構思企劃案時，會參考人口統計資料，作為設定目標客群的依據。

例如在以「家庭」為目標客群的新食品開發企劃中，可能會以「五人份」作為產品的分量人數。但以五人份當作基礎，真的適合嗎？一般人依直覺猜想，或許會覺得：「這分量似乎有點多？」只要參考日本每戶人口的統計資料，就會發現確實不是好選擇（按：此例子以日本家庭為主探討）。

「標準家庭人口」的定義，一直都在改變中。以前一般大眾認為，標準家庭人口是一對夫婦養育兩個小孩，一共四人；至於每戶超過四人，則是六十多年前的日本，比較常見的傳統家庭狀態。

根據日本厚生勞動省的國立社會保障暨人口問題研究所實際調查發現，二〇一五年每戶家庭的平均人口已降至二・三三人，另外占比最大的是單身戶，已大幅攀升到三四％。數據顯示標準家庭人口正逐年下降，預估到二〇四〇年，平均每戶家庭人口可能僅剩二・〇八人（按：根據行政院主計總處的資料顯示，臺灣在二〇一五年的平均每戶人數為三・一人。日本的厚生勞動省，相當於他國的福利部、衛生部、勞動部綜合體）。

由此可知，用一戶五人當產品開發的標準，不符合現代社會的實際狀況。且從中可以發現，如果要以「家庭」作為產品的目標客群，那分量人數設定成「三人份」，可能是比較合理的選擇。

但如果在整個產品開發的過程中，仍堅持要以五人份作為分量人數，就須提出其他足以支持這個決定的事實。

例如本商品專為週末假期設計，符合在週休假日，夫妻帶著孩子回父母家的情境。類似這樣的家庭型態，在日本被稱為「隱形家庭」（也就是沒有同住，但在物質或精神上相互給予各方面支持的家庭）或「六個口袋」（亦即夫妻與雙方父母，用六個人的錢包來養育子女），這種型態已發展成不容忽視的新市場；又或因應社會現況，推出大分量包裝——近年受新冠肺炎疫情的影響，民眾降低外出採買的次數。來自超市等零售通路都紛紛表示，方便保存的冷凍類食品等，以大分量包裝的銷售狀況最佳。

只要找出相關的數據或調查報告，並藉以提出各種事實，就能讓企劃書或提案報告裡的論點更具說服力。

4 職場上必用的那些數據，一定要搞懂

想增強商用文章的說服力，提出實際數字或數據是最有效的方法。數字是雙方溝通的捷徑，也可以藉此避免產生誤解，例如「請儘早……」這樣的說法，到底是指「多早」？每個人的認知可能都不一樣；但如果直接說「三天後」或「一週後」，就沒有各自解讀的空間。

《真確》一書中就曾提到，**想防止在溝通時各自解讀，就要養成使用具體數據或事實來表達的習慣**。這樣的主張，一定也受到大眾的認同，這本書才能成為暢銷書。

數據是一種事實，讓人無法反駁，因此具有建立信任、產生認同的力量，進而讓他人做出符合我們期待的回應，威力十分強大。

另外，如果想再提升說服力，**使用對方聽得懂或熟悉的數據表達方式也相當重要**。因為每個人的成長環境與專長領域都不同，慣用的衡量標準也五花八門，所以最好使用讓對方「有感」的指標或形容方式。

例如，日本人使用的面積量詞中，「一反」是九百九十一．七四平方公尺。對務農的人來說，多半都能理解「一反」是多大；但如果是建築從業人員，換算成「三百坪」，可能會比較好理解；如果溝通對象是小學生，則不妨說是「學校游泳池的六倍大」、「六百片榻榻米的大小」等。

很多人可能會覺得，因為求學時期的數學成績不好，所以不敢碰與數字、數據相關的內容，但想輕鬆的運用數據，並不需要成為數理達人。因為我們以前所學的數學，多半是拿來處理抽象的概念，與實際生活相距甚遠。相反的，運用數據的訣竅，就是把冰冷的數字與身邊的事物結合在一起。

但並非把所有事都用數據表現，就有絕對的參考價值。有很多數據經過檢驗與比較，才能看出真正的含意。例如「一〇〇%的使用者都表示滿意」、「如果換算成廣告效益，高達一億日圓」，類似這樣的表現方式，可能有誇大的成分在其中。

所以面對數據時，要保持客觀、理性的態度，**仔細分辨哪些數據是為了創造話題性而經過修飾**，也要試著關注數據產生的方式是否公正、合理，不要直接看到媒體上提供的數據，就全部照單全收。

另外，「因為我是讀文組的，所以對數據資訊不拿手」、「讀理工科的人，處理數據的能力比較好」等說法，在職場上並不適用，因為學校的科目「數學」與「數據」，是完全不同的概念。一般在職場上須具備的能力是如何處理數據，這與求學時期接觸的數學，並不是同一個領域。

什麼是職場上的數據？包括銷售總額、淨利、營收利益率、成本占比、銷售毛利、毛利率、損益平衡點、市場占有率等。例如家具連鎖品牌宜得利家居，其會長似鳥昭雄有一項著名的能力，就是他能精準預測未來的匯率走勢與經濟走向，這跟數學就沒有太直接的關係。

大多數的成功企業家或領導人，雖然擅長處理與重視的數據各有不同，但他們多半都具備活用數據的能力。

5 養成「比較」的習慣

前面提到處理數據的能力，與學生時期讀文組或理組沒有關係，只要會基本的加、減、乘、除四則運算，就能培養對數據的敏感度。其中，又以**「除法」發揮的威力最強大**。

例如，有兩家公司的銷售額都是一百億日圓，但其中一家的員工人數有一萬名，另一家卻只有一百名，那這兩家公司每位員工能貢獻的平均銷售額，就完全不同。

因此，在解讀數據時，若因面對太大的數字而一時之間摸不著頭緒，可以改用「除法」來計算，看成「平均每人……」或「平均每個……」，或許就能找到新線索。

此外，另一個處理數據的訣竅，就是**養成比較的習慣**。

例如日本總共有七萬多家牙醫診所，但「七萬多家」這個數字，到底是多還是少？此時，如果知道全日本的便利商店總共有五萬五千多家、郵局有兩萬四千多家，相較之下，就能感覺到日本牙醫診所的總數確實很多。

因此，有些可以用來作為比較基準的數據，要時時多加留意。例如日本的GDP（國內生產毛額）約為五百五十兆日圓（按：根據行政院主計總處的資料顯示，臺灣在二〇二一年的GDP約為新臺幣二十二兆元），所以「一兆」約等於日本GDP的五百五十分之一。透過這樣的比較，就能確實感覺「一兆」到底是多大。

熟記新聞上常見的重要數據，在提案或簡報時，也能夠發揮出奇制勝的效果。例如「日本的勞動人口約有七千六百萬人，所以……」、「與企業沃爾瑪（Walmart）一年六十兆日圓的營業額相比……」，只要舉出這些數據作為比較基準，就能增加說服對方的機率，或許還可以贏得「這個人挺厲害」的評價（參考下頁圖表）。

視使用場合決定數據的表達方式

精準的數據比較，能提高說服力。

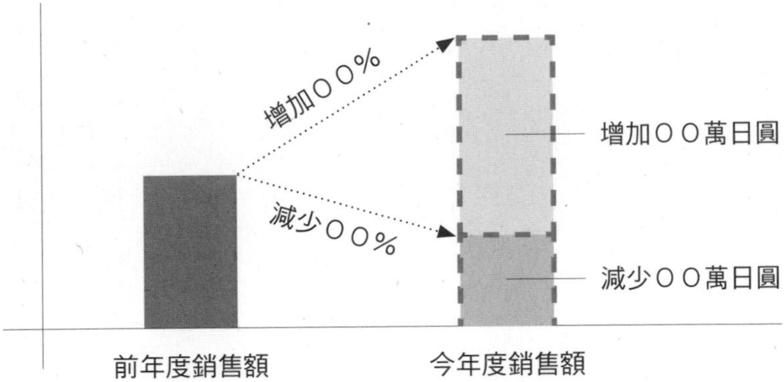

有時用約略的數據敘述，即可清楚說明。

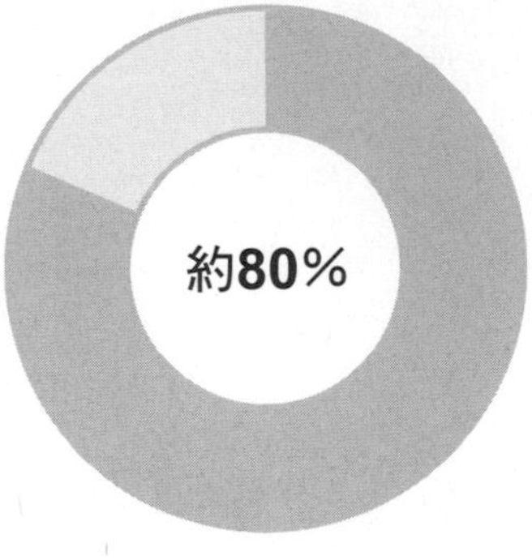

6 「有幾個東京巨蛋大？」你得這樣舉例

有些人在寫商用文章時，容易站在自己的立場，用自己的想法或邏輯，也不管別人懂不懂，就自顧自的長篇大論。

想避免被貼上「自以為是」的負面標籤，或進一步贏得他人的認同，我建議在內容裡加上客觀的數據。因為數據的客觀性，會讓讀者無法輕易反駁，進而增強說服的力道。

數據包括：①具體數字（銷售量、建築物高度、場地面積等）、②排名或獨特性（日本第一、世界第一、縣內唯一一家等）、③比較（與前年相比、與目標相比、市占率等）。此外，**使用大家都能理解的事物來舉例，例如和日本人溝通時，用「有幾個東京巨蛋這麼大」形容**，也有不錯的效果（按：東京巨蛋的面積約為四萬六千七百五十五平方公尺。臺灣媒體也常用「高度等於幾座一〇一大樓」來形容，一〇一大樓的高度約為五百零九公尺）。

但是不必勉強自己背一堆數據，只要熟記一些新聞上常見，或可以拿來當成比較標準的數據，例如日本、美國、中國等幾個重要國家，其人口、面積、GDP、人均收入、平均壽命等，應該就夠用。如果是商業領域，則可以蒐集競品的銷售量、毛利等資訊，或相關產業的市場規模。

在本章的最後，我想提醒各位，數據雖然很好用，但也不須拘泥於固定的表現形式，尤其**在處理有關感受性的內容時，表現出具體感受比呈現具體數字，來得更重要**。

例如有些抽象性的感受，不論透過再怎麼準確的數據，都很難讓讀者或受眾實際體會。此時，可以把數據轉換成對情境的描寫，用文字喚醒對方的想像力，讓讀者能感同身受。

舉例而言，日本龜甲萬食品公司所出品的「減鹽醬油」，該產品自推出後就深受低鹽飲食者的歡迎。二〇二〇年為慶祝該產品發售五十五週年，龜甲萬特別在當年春季，推出比其他市售醬油含鹽量低六六％的新商品，標榜「永保新鮮、超減鹽醬油、鹽分降低六六%」。不只在具體數據上，提到本款產品是龜甲萬含鹽量最低的醬油產品，直接標榜「超減鹽」，更精準命中有高度減鹽需求的高齡者市場。

同樣在二〇二〇年的夏天，廣受民眾喜愛的麒麟啤酒，推出「麒麟特製檸檬沙瓦」，名稱中加入「特製」，強調該產品與其他產品不同；日本泡沫經濟崩潰後，日本麥當勞也曾推出「半價漢堡」，這些都是直接在產品命名上，把數據轉換成具體感受的案例。

第四章

文章要流暢，邏輯最重要

1 寫完後，先請別人讀一遍

事實呈現的，就是某個現象的真實樣貌。如果想在文章中活用事實傳遞的資訊，必須具備以下能力：蒐集事實、解讀事實、判斷事實、應用事實的能力。

- 蒐集事實的能力：想在文章中運用事實來支持論點前，要先知道哪裡可以找到這些相關資訊。
- 解讀事實的能力：找到相關資訊後，要先做初步的解讀，找出該資訊與主題之間的脈絡。
- 判斷事實的能力：要判斷事實可不可用，首先要確認資訊來源的正確性。
- 應用事實的能力：將事實加入文章中，加強論述的說服力。

另一方面，所謂的「邏輯」，就是能說得通、被理解。邏輯清晰的文章讀起來很通順、沒有矛盾之處，那麼該如何寫出這樣的文章？

以烹飪來比喻，越是不擅長下廚的人，越容易在不依靠食譜的情況下，憑感覺來烹煮食物。明明連簡單的咖哩都做不好，卻說出：「聽說在咖哩中加入咖啡粉，咖哩會更好吃，那我也來試試看好了。」咖哩會有多「美味」，結局應該顯然易見。而寫作也是如此，不能只憑感覺或印象就天馬行空的下筆。

想練習寫出邏輯通順的文章，最好的方法是**文章完成後，先請別人讀過一遍**；此外，在文章開頭先描述一段對話或某個情境，也有助於讓讀者理解內容。

許多的經營管理顧問，喜歡在簡報中加入大量的數據或報表，有些人會認為這些跟邏輯相關的內容，占比太多了。然而，我認為這是一般商用寫作的基礎。

確實，有時在長篇大論的道理或冷冰冰的數據中，加入一點幽默或溫暖的文字，來打動讀者或引起共鳴，能達成不錯的說服效果。但前提是，文章應先具備事實、數據與邏輯，再追求進階的感性訴求。

2 雲、雨、傘理論，檢驗是否合邏輯

有些外商公司會用「雲、雨、傘理論」，檢視商用文章是否邏輯通順。這套理論的概念為，先發現某個事實，例如：「天空中烏雲密布」；接著針對此發現，提出相應的解釋：「眼看就快要下雨」；最後針對前面的判斷，推導出應採取行動：「要帶雨傘出門」（參考左頁圖表）。

這個理論有助於推導前因後果，像是：「因為○○，所以□□；基於□□，推導出△△。」這個理論的基本架構是：前提→推論→結論。

前提，是指一般大眾都能接受的規則或具體事實；推論，是指根據前提，推導出事件的走向或發展，以作為決策或應採取何種行動的主要依據。由於推論連結了前提與結論，所以極為重視邏輯的嚴謹度；結論，則是經過嚴謹的推論後得

雲、雨、傘理論

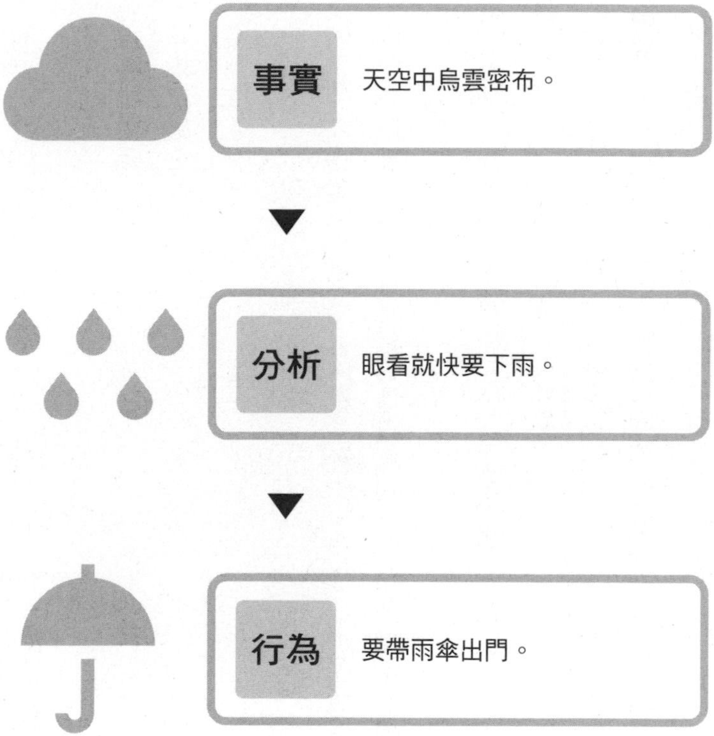
事實
天空中烏雲密布。
分析
眼看就快要下雨。
行為
要帶雨傘出門。

出的主張。

舉一個有名的例子：

前提：只要是人，都會死。
推論：因為，蘇格拉底是人。
結論：所以，蘇格拉底會死。

在本例中，一開始的前提是「只要是人，都會死」，這原本就是大家都能認同的事實；接下來則確認個案（蘇格拉底）的性質（人），藉此連結前提，推導出結論。

這套邏輯推理的方法，被稱為「演繹法」或「三段論法」。只要前提沒有錯，推論過程也都合理，就能得到正確的結論。

除此之外，邏輯推理中也常使用歸納法，像是：「○○的成因（結果）可歸納為□□、■■以及其他，而其中□□的成因（結果）又可歸納為△△與▲▲」。

這套方法，是從幾個單獨的事件中，把相同或類似的因素歸納在一起，再從中推導出一個符合現況的法則，或能被一般大眾接受的主張。

在此舉一個例子：

前提①：我第一次看到天鵝，是白色的。

前提②：我昨天看到一整群天鵝，也是白色的。

結論：我推論所有的天鵝，都是白色的。

應用這套邏輯推理的方法時，**若擁有越多的事實與數據，推論出的結果正確度就會越高**。以前面的例子來說，看過十隻白天鵝後做出的判斷，一定比只看過一隻白天鵝來得更正確；如果有看過一百隻白天鵝的樣本數，那做出來的推論其可信度，也一定會提升。但無論如何，因為不可能看過所有的天鵝，所以推論也不可能一〇〇%正確。

不過，只要確定手上的資料有一定準確度，那無妨藉此描繪出接近事實的輪廓。只是要額外當心，如果手上的資料是把少數特例當成一般狀態，那有可能會推導出錯誤的結論。

例如：A小姐，二十一歲、單身；B小姐，二十八歲、單身；C小姐，二十四歲、單身。假設以上三人都表示想購買某商品，在這個數據的基礎下，或許能推導出「某商品的主要客群是二十幾歲單身女性」；但因為樣本數不足，從中也可能推導出「該商品的主要客群，為女性或二十歲世代的年輕人」，而無法精準篩選出目標客群。

上述白色天鵝與二十歲單身女性的例子，都使用歸納法來整理資訊，以推理出結論，這與前面提到的演繹法，同為邏輯推理的基本方法。如果將兩種方法組合使用，就能更有效率的寫出有邏輯、經得起驗證的內容。

3 MECE分析法，不重複、不遺漏

MECE分析法是用來檢視，**是否有被重複討論、遺漏**的方法。名稱由這四個英語字母組成：M（mutually，相互間）、E（exclusive，獨立、不重複）、C（collectively，全體）、E（exhaustive，無遺漏），此邏輯思考方式的原則是「不重複、不遺漏」（參考下頁圖表）。根據這個原則，我們可以思考：

處於不重複、但有遺漏的情況時：因為沒有獲得可被驗證的全部資訊，導致檢視時有所遺漏，而事件的解答或創意，很可能就存在被遺漏的地方。

處於有重複、但沒有遺漏的情況時：重複的部分會影響分析效率，延遲找到最佳解答的時間，也會造成時間與精力的額外浪費。

處於有重複、有遺漏的情況時：此時所有的討論內容，都缺乏實際應用的價

MECE 分析法

有重複、也有遺漏

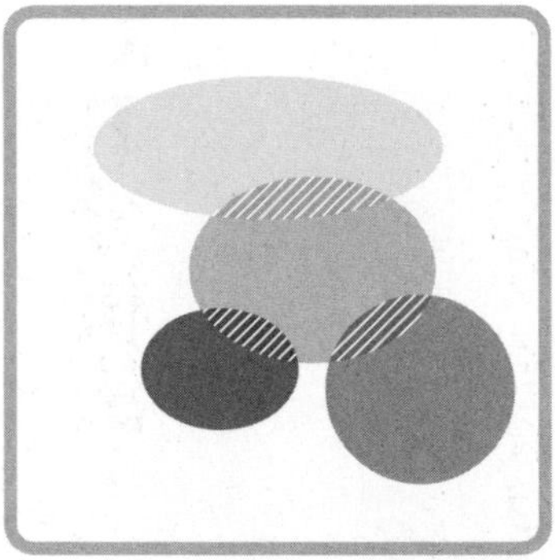

不重複、但有遺漏

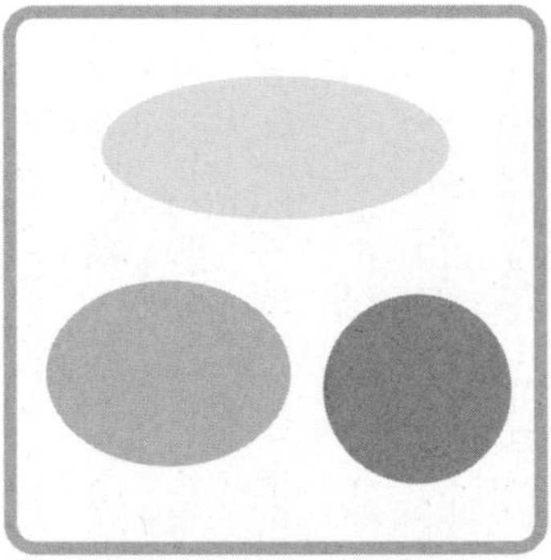

有重複、但沒有遺漏

不重複、不遺漏

值。大多會出現在創意發想的階段。

把MECE分析法應用在寫作上時要注意，是否將之前沒想到、漏掉的內容一同考慮，並避免在同一個問題上鑽牛角尖，盡可能讓自己以不重複、不遺漏的眼光綜觀全局。

4 定量事實與定性事實的交互運用

我在先前的篇章中已介紹過，要盡可能使用數據呈現事實。另外，事實還可分為定量事實與定性事實。

所謂的定量事實，包括銷售業績、顧客問卷調查或競爭商品的業績資料等，各種能以數據表達的事實資訊；而定性事實，則包括透過焦點團體訪談（FGI，不同於一對一訪談，向多人針對一個或多個焦點進行訪談）、當面調查等獲得的資訊，以敘述性的表現為主，較少提到數據資料。但若**將定性事實的內容，以數據形式呈現，就能提高讀者或受眾的認同度**。

以繪畫或電影等藝術創作的領域為例，這些創作形式在社會中都相當受到重視。但隨著數位時代的演進，人們對藝術作品的評價與欣賞方式，也出現急遽的變化。

過往一般大眾對藝術的理解，多半著重於強調感受性的定性評價，包括表現手法、情感共鳴等；但現在則經常可以發現，人們在討論藝術作品時會加入一些定量評價，例如該作品的投入成本有多高等。最常見的，應該就是好萊塢電影在宣傳時，常會強調是「斥資五十億日圓重金打造」。

姑且不論用數據評價的方式是否過於膚淺，但無法否認，在網路時代，有時藝術作品的價值，就取決於能獲得的按讚數，不是嗎？

5 有些資料會害你先射箭，再畫靶

基於數據、事實與邏輯推導出來的論述與主張，能不分年齡、性別與國籍等差異，被一般大眾廣泛接受。

例如在公司內部討論或向客戶提案時，使用「雲、雨、傘理論」，有助於掌握問題的來龍去脈。只要順著邏輯的脈絡思考，就能確認推導出的結論是否偏題；進行簡報時，善用「雲、雨、傘理論」說明順序，也能讓他人更容易理解簡報內容。當對方完整理解你的論述，就可以減少誤會產生，進而互相尊重彼此的意見。

準確掌握發生在眼前與過去的事實，並以此為基礎展開具有邏輯性的論述，這個過程可稱為分析。該注意的是，有時單獨看各個分析覺得很合理，但解釋整體的因果關係時若不合邏輯，就有可能導致結論錯誤。如果缺乏邏輯，就無法推論出有建設性的內容。但在邏輯的應用上也應注意，不明就理的執著表面上的資訊，可能會得出南轅北轍或異想天開的結論；再者，推論過程的每個步驟都要完整向溝通的對象表達，以免和對方出現雞同鴨講的狀況。

此外，「以現有的數據，進行主題性的分析」，與「依照主題需求與想闡述的內容，蒐集必要的資料後，才開始進行分析」，這兩種做法順序，乍看之下好像都一樣，但實際上產生的結果差異相當大。只用現有的數據分析，**可能會忽略資料有正確性不佳或不齊全的問題，導致陷入「先射箭，再畫靶」的誤區**，而得到不適用的結論。

以目前的日本企業來說，有不少業者是靠大數據的分析結果，獲得經營上的成效。當這些企業在蒐集數據並進行分析時，多半**不會預設立場、也不會預先擬定目標才從數據裡找線索**，而是有幾分證據就說幾分話。

有不少企業會聘請專業的數據分析師，或將數據分析的工作委託給外部單位。不過，有時還是需要工作現場的員工參與分析數據，才能夠完整傳達數據的全貌。

因此，學會精準表達並理解數據分析的相關知識，對每個人來說都是必要的技能。據說日本服飾品牌 WORKMAN，全公司員工從上到下，都具備使用 Excel 處理數據的能力，且還會有意識的觀察銷售數據變化並加以分析。所以才能從專門經營工作服的單一領域，成功跨足休閒服飾，讓企業得以更加茁壯。

第五章

過度賣弄專業的文字，沒人想看

1 這樣寫，連國中生都能懂

在開始寫作前，首先要知道，讀者或受眾對這個主題的背景知識，理解有多少？換句話說，在下筆前應該要想像一下，溝通的主要對象是誰？有哪部分的資訊，是他們已經知道的內容？又有哪些資訊，他們還不清楚？並以此作為基礎來寫文章。我剛進報社時，前輩常提醒我：「**要寫出連國中生都看得懂的報導。**」也是基於同樣的道理。

如果在一般社群網站上發布文章，因為目標讀者為不特定的多數人，所以須用最平易近人的方式，寫出大家都能輕鬆理解的內容。但相反的，如果有特定的目標讀者，就必須針對這個族群，傳達出他們想知道的資訊。例如，以二十到三十四歲的女性為目標讀者，但在內容中提到老年退休的話題，說不定就很難引起共鳴。

也就是說，須**站在讀者的立場，在「你想寫的」與「對方想看的」之間，取得平衡點**。

接著，我想請你先試著閱讀以下這篇文章：

> 日本香川縣高松市的男性中，有一六%的人每天都吃烏龍麵。由高松市政府協助高松商工會議所（簡稱商議所）完成的調查報告──「消費者購買趨勢調查──烏龍麵製造與銷售」中，可以看出香川縣身為「烏龍麵王國」，該地區居民相當偏愛烏龍麵。此調查屬於商議所「小型企業經營管理改善延伸業務」的其中一環，以服務轄區內五百三十位一般消費者作為調查對象。（按：日本香川縣以烏龍麵聞名，該地區為優質小麥、鹽巴、醬油的生產地。）
>
> 據調查結果得知，食用烏龍麵的頻率為：男性中，「每週吃二至三次」的人占三六%、「每週吃四至五次」的人占一四・二%、「幾乎每天吃」的

人占一六・三%；相對於此，女性與非香川縣出身者（不是從小在香川縣長大的人），「每週吃一次烏龍麵」占比分別是二五・六%與二三・八%，「幾乎每天吃烏龍麵」的人，占比均不超過一〇%。

喜歡烏龍麵的人當中，不分男女對烏龍麵的三種吃法：「熱湯」、「鍋燒」、「竹籠」的偏好占比，均在三〇%左右。年輕族群或非香川縣出身者，喜歡「熱湯」烏龍麵者較多，而高齡者則多半偏好「鍋燒」烏龍麵。

至於挑選烏龍麵店所重視的要點，不分男女，大多數人最重視烏龍麵的「湯頭」，其他幾樣占比較高的項目中，男性較重視「價格」、女性則較重視「清潔度」。

（一九九一年三月二日，《日本經濟新聞》，四國經濟版）

以上這篇報導，是我剛進報社快滿第二年，也就是一九九一年三月，被派到四國高松分社時，所寫的第一篇報導。這篇報導原本的標題為「『烏龍麵王國』高松、一六%的男性『每天都吃』——商議所的消費者調查」。

但這是一篇標準的錯誤示範，連我現在看這篇報導都覺得好丟臉，真想鑽進地洞裡。

為什麼說是錯誤示範？因為這篇參考高松商工會議所其新聞稿，撰寫出來的報導，有一個十分明顯的錯誤：就是本篇報導的寫作結構，並未使用新聞寫作強調的倒三角形寫作法。以至於讀者想知道的內容與作者想傳達給讀者的資訊，都沒有呈現在報導的開頭；再加上本篇報導也沒有完整寫出調查的實施期間，缺少5W1H中的「When」；此外，報導的開頭沒有讓人留下深刻的印象。

以下是我重新修改後寫出來的報導，請你再比較這篇跟上一篇的差異（調查的實施期間用★表示）：

在日本香川縣高松市，每三位男性中就有一位，每週吃超過四次烏龍麵。從由高松市政府協助高松商工會議所（簡稱商議所）完成，在★月的調查報告中，可以看出「烏龍麵王國」消費者的實際樣貌：一六・三％的男性每天都吃烏龍麵，而且不分男女，對「熱湯」、「鍋燒」或「竹籠」烏龍麵的喜好程度都相當接近。

根據本次調查報告顯示，食用烏龍麵的頻率為：男性中，「每週吃二至三次」的人占三六%、「每週吃四至五次」的人占一四．二%、「幾乎每天吃」的人占一六．三%；而女性與非香川縣出身者，最多人回答「每週吃一次烏龍麵」；「每天都吃烏龍麵」的人不到一〇%。

喜歡烏龍麵的人當中，不分男女對烏龍麵的三種吃法：「熱湯」、「鍋燒」與「竹籠」的偏好占比，均在三〇%左右。年輕族群或非香川縣出身者，偏好「熱湯」烏龍麵者較多，而高齡者則多半偏好「鍋燒」烏龍麵。

至於挑選烏龍麵店所重視的要點，不分男女，大多數人最重視烏龍麵的「湯頭」，其他幾樣占比較高的項目中，男性較重視「價格」、女性則較重視「清潔度」。

此調查報告名稱為「消費者購買趨勢調查——烏龍麵製造與銷售」，屬於商議所「小型企業經營管理改善延伸業務」的其中一環，該調查以服務轄區內五百三十位一般消費者為調查對象。

你覺得如何？有沒有感覺到其中的差異？

在原始版本的報導中，第一段中間以「烏龍麵王國」形容香川縣，但報導的描述方式，卻讓讀者覺得「每天吃烏龍麵的，竟然只有一六％」；如果可以在這邊多下點功夫，依照數據將寫法修飾為「每三位中就有一位，每週吃超過四次烏龍麵」，看起來就讓人更印象深刻（「每週吃四至五次」的人占一四．二％、「幾乎每天吃」的人占一六．三％，一四．二％＋一六．三％＝三〇．五％）。

此外，修改後的版本先提到「實施調查的時間點」，再依照調查的數據，說明烏龍麵的食用頻率、消費者喜愛的料理方式占比等。至於調查報告的完整名稱對讀者來說，並不是什麼重要的資訊，所以放在報導的最後一段即可。

2 相較於有利可圖，人們更偏向迴避損失

讓人產生認同感的重點，在於當讀者接收內容時，心中會浮現出：「確實是這樣，沒錯！」的感受。如果從一開始無法獲得對方的認同，那繼續往下說，也只會讓對方增加更多的疑問與不滿。至於說服讀者或讓受眾產生認同感的訣竅，我稍微整理前面幾章說過的一些技巧，幫你複習一下：

一、表達意見或主張時，要附加理由來說明。
二、說明理由時，用事實來佐證，可以增強說服力。
三、說明理由時，可以舉出實際案例。
四、表達方式要簡單明瞭。

五、說明理由時，要使用明確的數據。
六、說明理由時，不要使用模糊的形容詞或副詞。
七、合乎邏輯，就能讓文章讀起來流暢。

以上七個技巧中，除了第四點與第七點之外，**全都與說明理由有關**。也就是說，想讓他人打從心裡認為你說得沒錯，就須提出「之所以會有這種看法或主張」的理由。不過，也不是提到理由就好，是否合理、能否打動對方，也影響到對方對你的信任。

那麼，要如何更進一步打動讀者及受眾？**提出讓對方「有利可圖」或能「迴避損失」的論點**，是最有效的方法，畢竟人們多半都關心與自己利害相關的事。

例如「本次收購案，關係到搶占越南市場戰略地位的成功與否」，類似這樣的論述，會給讀者有利可圖的感覺；而「如果不加速推動企業併購，等於讓對手獲得擴大市場占有率的機會」，則是希望讀者能做出行動來迴避損失。

近年來相當受到關注的行為經濟學，有一套十分具有代表性的「展望理論」（prospect theory）。其中提到人們對蒙受損失的痛苦程度，會比獲得利益的滿足感，高出一．五至二．五倍左右，也就是**相較有利可圖，人們更偏向優先選擇迴避損失**。若把這點應用在寫作上，在理由中強調「迴避損失」時，內容會更有吸引力。

此外，有另一個被稱為「月暈效應」（又可稱為「光環效應」）的理論，從中可推論出，**與一個人的想法相比，多數人的意見更有說服力；或專家的意見比一般素人的說法，更能被信任與接受**。這些都是在說明理由時，可運用的技巧。

除此之外，理解對方的真正需求，也是商用寫作的重點之一。

在此分享一個行銷學中的經典案例：美國哈佛大學教授希奧多．李維特（Theodore Levitt）曾發表一套名為「行銷短視」（Marketing Myopia，一九六〇年）的知名理論，他在其中提出一個問題：「去工具店買鑽孔機的人，想買到的究竟是什麼？」

如果單看發票，他買的的確是一部鑽孔機。但顧客的真正需求，應該是用鑽孔機打出來的那個洞。也就是說，顧客真正需要的，是這項商品（鑽孔機）所帶來的好處（打洞），而不是商品本身。這才是商品的真正價值。

同理可知，化妝品要販售的並不是化妝品本身，而是化妝後讓人心動的感覺；電影公司要販售的也不只是電影本身，而是電影帶給人們的情感觸動。

再以商用寫作為例，有些新產品的新聞稿中，會提到產品的規格、性能、尺寸、顏色和贏過競品的地方，以及產品背後的相關技術等各種資訊。但如果以前面的理論來思考，就會發現**消費者真正想知道的，是產品能帶來的便利性，或可為自己帶來哪些滿足感與優越感**。

3 想寫給所有人看？就沒人想看

寫作時，下筆前應該要想像一下，溝通的目標對象是誰？他真正的需求是什麼？再依據這些決定內容應該如何表達，才可以寫出具有說服力、能產生認同感的文章。

就像在商業領域中，也必須先設定目標客群，再依據這些目標客群的喜好與需求，開發出相應的商品及服務。這些針對目標客群規畫出的內容，就是企業營運的核心。

但消費者的喜好與生活樣貌各有不同，過往行銷業界慣用年齡、生活圈等標籤來區分客群，但隨著消費趨勢的多元化，這樣的分類方式逐漸不敷使用。

目前較為主流的方式是「人物誌設計法」（Persona），亦即企業利用各種數據及消費者的回饋為基礎，模擬出自家消費者的可能形象。在日本最具代表性的案例，就是「大和房屋工業」（Daiwa House）於二〇〇二年所推出的「EDDI's House」建案。

該案以「在東京足立區租屋的上班族田崎雄一（三十三歲）一家人」為發想，設定出目標客群的虛擬形象，並結合「兼具簡約、現代與自然感」及「能感受家人陪伴的開放空間」兩大設計主軸，量身打造出符合目標客群需求的建案，推出後受到市場熱烈的迴響。

類似這個案例的人物誌設計法，原本僅盛行於美國的設計與軟體開發產業，從一九九〇年代開始被運用到行銷領域。

相對於過往業界盛行的「大眾行銷」（mass marketing），強調以市場占有率最大化為目標；時至市場多元化的今日，瞄準特定客群，將消費者消費占比（constituency Share）最大化的行銷策略已成為主流，「一對一行銷」（One-To-One Marketing）也逐漸受到重視。

至此，企業紛紛開始思索自家客戶的具體形象，並試圖描繪出目標市場的客群輪廓，想藉此理解消費者的實際需求，進而開發或改良自家的服務與商品。也就是說，企業已經**跳脫想討好所有人的傳統行銷思維**。包括零售業與一般服務業等，也開始透過銷售時點情報系統（point of sale，簡稱 POS，主要功能為統計商品的銷售、庫存與顧客購買行為）、擴大招募會員的方式，蒐集消費者資訊。

不過，雖然能從數據分析消費者過去的習慣與動態，不過想藉此預測消費者未來的消費趨勢，仍很困難。例如即使知道誰買了什麼，卻無法得知他的消費動機，也無法推測他接下來還會想買些什麼。一般認為，這些經濟（消費）行為的研究是一種心理學，而人物誌設計法就是從心理學角度，掌握目標客群的價值觀與生活風格。

當然也有人質疑，人物誌設計法這個方法，是否適用於所有商品與服務。但我認為，只要能詳細驗證設計人物誌時採用的數據，並隨著市場動向，考量商品與服務的生命週期等要素，且即使完成形象設定後，仍保持彈性的動態調整，就能發揮出決定性的作用。

畢竟在多元消費的時代，想一出手就命中廣大市場的需求，操作難度實在相當高。但先鎖定分眾的小規模（潛在）市場，再將小眾市場培養成大眾市場，仍是十分可行的方案。

回到商用寫作的主題上，你可以運用人物誌設計法的概念，先預測出讀者與受眾可能是誰，並針對對方擅長的領域、弱點為何等資訊，寫出為對方量身打造的內容。在某些目標對象明確的情境中（例如企劃提案、簡報、簽呈等文件），這是非常有效的方法。

4 數據也能創造話題

運用數據的另一個重點，就是**寫出來的文字連國中生都能理解**。尤其在許多一秒決勝負的商業場合，最好能使用讓人一目瞭然的呈現方式。

例如在網站或宣傳廣告中，常能看到「亞馬遜網路書店銷售排行第一」的介紹文案；或在百貨公司的促銷活動中，會發現某些商品特別標示出「樂天市場銷售榜第三」的宣傳文字；甚至在郵購或網路購物的廣告臺詞，會強調「每天只需一杯咖啡的費用」、「平均每五．八秒賣出一件」等，這些數字都讓人一目瞭然。

不過，不能因為覺得加入數據比較好，寫作時就整篇寫滿一堆數字，因為這麼做，反而會讓讀者看完後一頭霧水。使用數據時，最重要的莫過於「希望藉由數據傳達什麼事」。

例如：「根據這個數據，應該要採取某項行動。」或「光看銷售數據，就知道這項商品非常受歡迎，要買要快！」這麼寫，讓讀者依照你的期待採取行動。

另一方面，用數據製造話題性，一直是行銷文案的主流寫作方式。各種劃時代的商品不斷推陳出新，當中許多熱銷商品的文案，都讓消費者印象深刻。

例如，麒麟啤酒在二〇〇九年推出的無酒精啤酒「KIRIN FREE」，是其中具代表性的案例之一。此商品主打「全球首創、酒精含量〇・〇〇%」，從日本原有的無酒精飲料市場中突圍而出，凸顯傳統號稱「無酒精飲料」的其他商品，其實都含有微量酒精成分，只有「KIRIN FREE」完全不含酒精成分，是創造市場突破性的創新商品。

由此可知，當商品具有強烈特色、能顛覆過往消費者的既定印象時，只要聚焦於用數據表現出與眾不同的事實即可。亦即具有話題性的數據，本身能傳達商品特色，展現商品與眾不同的魅力。

我再提另一個案例。近年受到新冠肺炎疫情的影響，「宅經濟」的消費模式興起，超市及大賣場販售的義大利麵更躍身為暢銷商品。其中，企業日清推出的「快煮型義大利麵 FineFast」三分之二尺寸系列，在日本引起熱銷風潮。該商品標榜縮短麵條尺寸，長度只有正常版的三分之二，能更快、更輕鬆的煮好一份義大利麵，完全符合當下的生活型態與烹調需求，因而獲得眾多消費者青睞。

這些都是用數據創造話題性的最佳示範。

除了創造話題性之外，只要數據的數值夠大，一樣能營造出吸引他人目光的效果。尤其在某些狀況下，一般人可能只是覺得：「雖然不太清楚實際情形，但好像有點厲害。」這時，只要善用適合的數據表達方式，就能讓對方大感震驚。

但要特別注意，**有時直接引用巨大的數值，有可能會因為數值難以想像，反而無法讓人直接感受到數值有多特別**。因此若在表達時下點功夫，**讓數據更貼近生活**，就更能引起共鳴。

這句廣告文案，就是很好的例子：「**就算承受一百個人的重量也沒問題！**」這是企業稻葉製作所介紹商品時的文案。原本要傳遞的訊息，為「車庫的屋頂最多可承受六噸的重量」（按：適用於會下豪雪的地區，即使車庫屋頂上積許多雪也不易倒塌），但中間藉由單位的轉換，以體重約六十公斤的男性來換算，六噸約等於「一百個人的重量」（參考左頁圖表）。如此一來，這句廣告文案對讀者來說更有感，且也展現出商品堅固的特性。

「就算承受 100 個人的重量也沒問題！」構思過程

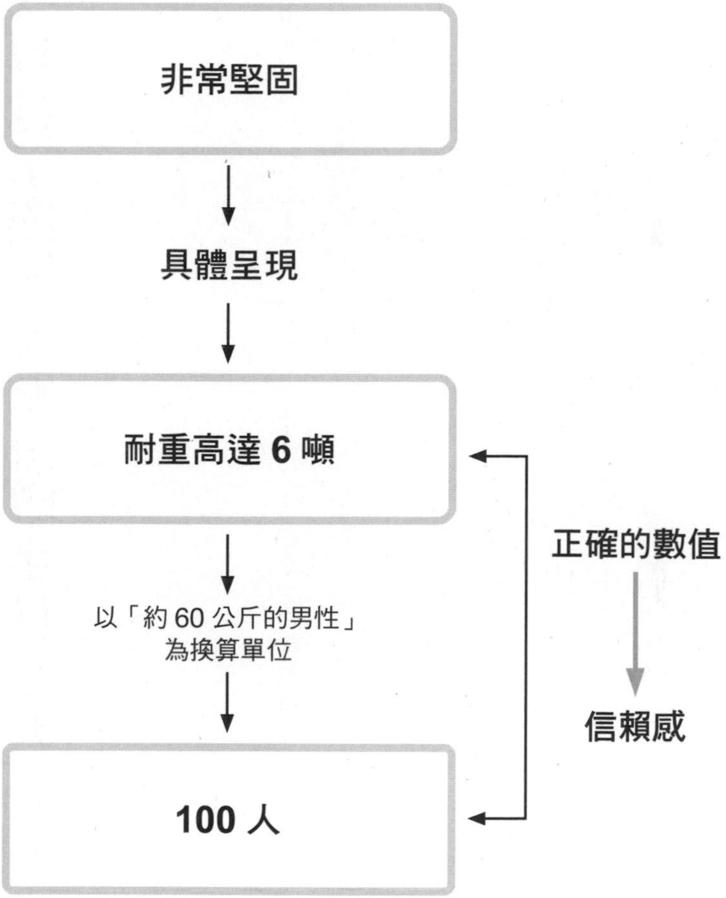

5 我親自示範，怎麼用數字打動人心

想寫出能讓讀者產生認同感的文字，最好的方法就是**結合邏輯與感性訴求**。除了用具有邏輯性的方式表達事實與數據外，同時也要傳達熱情與使命感。最重要的前提是，**先站在對方的角度思考**。

以推銷自家商品或服務為例，首先，找出對方迫切想解決的困擾，並以此為出發點，透過自家商品或服務，為對方提出能解決問題的具體方案。提案中要包括具體優點、實際案例的成果或績效等。

到這邊為止，都是以邏輯的表達方式，用事實及數據來說服對方。但如同我前面所說的，也可以加入自己的熱情與使命感，以情感訴求的表達方式，用感性爭取認同。

請參考以下兩篇範例：

範例：單向傳遞訊息

二〇二一年十月一日，本公司將推出新款洋芋片「Double Punch」。本商品的特色是，經日本消費者廳「特定保健用食品」許可認證，本款洋芋片具有可抑制糖分與脂肪吸收的功效。預計售價為兩百五十日圓。請貴公司務必考慮採購進貨。

（按：消費者廳為日本行政機關之一，旨在保護與增進消費者利益。）

範例：以對方課題為出發點，提出解決方法（前一個範例的改良版）

因為受到新冠肺炎疫情的衝擊，大家待在家裡的時間變長，使餅乾類食品的銷售量持續攀升。但包括藥妝店等零售通路，頻繁推出各種折扣與促銷活動，造成價格競爭白熱化，雖然整體營業額提升，銷售毛利卻受到影響。

本公司於二〇二一年十月一日推出的新款洋芋片「Double Punch」，是首次獲得「特定保健用食品」許可認證的洋芋片產品，預計售價為兩百五十日圓。相較市面同類商品，售價高出一百日圓左右，有助於提升銷售毛利與賣場坪效，能有效改善銷售毛利低的問題。

從範例中能發現，雖然在提企劃案時，可以只條列出商品或服務的特點，讓顧客判斷哪些特點符合自己的需求，但需求不強烈的顧客對此產生的認同感就十分有限。因此，如果能在平常的見面聊天或會議中，挖掘出對方目前可能面臨的問題，並在提企劃案時說明，自己的商品或服務可以解決對方什麼問題，那提案的命中率就會更高。

接下來，以下範例告訴你，如何用正確的優點描述方式與善用佐證資料，來進行理性溝通：

範例：抽象的優點描述方式

只要引進本產品，就能有效提高毛利。

範例：具體的優點描述方式，並補充實際數據（前一個範例的改良版）

只要引進本產品，可以讓賣場的坪效毛利率提高〇．五％，預估每年可以為貴公司創造十萬日圓的利潤。目前這幾家公司在引進本產品後，都回饋獲得良好成效。

第二個範例的改良方式，就是用數據直接展現出「如果接受提案，能帶來哪些好處」，讓讀者感受到具體的效果；後面可再舉出實際案例，包括哪些公司因為接受提案而受惠，或本提案有哪些成果與績效等，來增強說服力。

最後的範例告訴你，如何加入情感訴求：

範例：本提案（商品）想帶給對方什麼樣的感受

本產品在研發過程中，透過問卷調查與焦點團體訪談等，聽取眾多消費者的意見，並費時三年取得日本消費者廳的許可認證，是本公司最引以為傲的產品，不僅能為賣場提高銷售，還對消費者的健康有幫助。懇請將本產品列入貴公司未來的重點商品之一，並積極考慮後續攜手合作的相關事宜。

範例：具體說明消費者能實際獲得的好處

本產品在研發過程中改變傳統製程，開發出能降低三酸甘油酯濃度、減緩血糖上升速度的特殊成分，有助於改善身體機能。本商品雖屬於零食類，但也能當成「特定保健用食品」，重視健康的消費者也可安心食用。

範例：傳達想打造什麼樣的世界（使命感）

在現今物質充裕的社會，受肥胖與文明病所苦，甚至瀕臨慢性病邊緣的人，數量都在持續上升。本公司特別開發新產品，希望能實踐「讓所有人都能健康享受食物」的願望。

近年來，大家都相當關注永續發展目標（SDGs）和永續性（Sustainability）的議題，所以第三點的使命感訴求，對於加強認同感與說服力來說，是個不錯的選擇。

6 優秀的提案，一張A4紙就能搞定

如同本書不斷強調，寫作時，透過事實、數據、邏輯這三大要素，能讓他人更容易理解。加入事實與數據，以提出強而有力的佐證，可以解除讀者的疑慮。而文章邏輯清晰，能讓文字讀起來順暢，讀者不必老是回頭思索文章的含意。只要能兼顧事實、數據與邏輯這三個要點，就能在商用寫作時如虎添翼，寫出具有一定水準的企劃提案與文章。

而要掌握這三大重點，一點也不難。只要將自己整理後的想法，用簡單扼要的方式來表達，並善用新聞報導中5W1H的寫作技巧，**只用一張A4大小的篇幅**，就能完整呈現出一份優秀的企劃書或報告提案。

想在一張A4紙中完整呈現出企劃提案，應包括以下資訊：

- 標題。
- 對方的完整稱呼。
- 自己的姓名與聯絡資訊。
- 引言。
- 主題（what）。
- 想法、背景（why）。
- 執行者（who）。
- 實施期間（when）。
- 實施地點（where）。
- 執行方式（how）。
- 預算（how much）。
- 結語。

7 電子郵件溝通三原則

相信大家應該都有過類似的經驗：點開一封電子郵件，仔細閱讀整封信後，反而一頭霧水，不知道對方究竟想表達什麼。每次只要遇到這種信件，煩躁感就會油然而生。

但大家有沒有想過，萬一這封信是自己寄出去的？

在職場上，若是面對面的溝通，當你因為好像說了不得體的話，發現對方的表情有點不對勁時，應該都能馬上察覺，並立刻道歉或改變語氣，來挽回尷尬的談話氣氛；但如果是發出去的郵件讓對方不高興，對方通常不會特地回信，指出什麼地方做錯了；或你在信裡冒犯到對方、讓對方感覺到不愉快，對方可能會盤算著以後少來往，而你卻不知道。

為了避免這樣的慘況發生，有必要從稱呼、措辭及弄清楚雙方立場開始，學習正確撰寫郵件的方法。

有很多人在寫信時，不僅囉唆又沒有重點，不知道究竟是要「請求協助」，還是要「報告狀況」；甚至有些人使用了無禮的命令語氣，包括：「絕對不行」、「這是你該負責的」，以及：「現在好像沒有進度，是什麼狀況？」（其實比較有禮貌的寫法是：「這不太方便」、「這要麻煩您」，以及：「請問現在進度上有什麼困難？有我可以幫忙的地方嗎？」）以上這些情況，希望你能避免。

在使用郵件溝通時，請務必掌握三大原則：

第一點是**一段文字中只強調一件事**。

如果想讓人輕鬆理解郵件內容，在撰寫郵件時用字要簡潔，不要使用過多的連接詞，例如：接著、然後、又或是、以及；不要想到什麼就寫什麼，一段文字裡塞進一堆事，這會讓他人看完後，產生：「所以，你的結論是？」的疑問，無法掌握到郵件的重點。

第二點是**先寫重點**。

寫信直接講重點，避免因為太多的鋪陳，讓讀者在閱讀時不知道用意，進而產生不安或不耐煩的情緒。

例如，乍看之下以為是報告近況的問候信，等看到最後幾行才發現，竟然是須緊急確認的求救信。有許多人都會犯類似的錯誤，光解釋就花了長篇大論來說明細節，一直到最後才表明用意。

第三點是：**不懂的信件用語不要亂寫**。

例如「以上事項，請貴公司相關單位遵辦」，這句話看似客氣，但是請對方「遵辦」（遵照辦理）實在是非常失禮的用法。會發生這種狀況，多半都是因為自己對這些信件用語似懂非懂，搞不清楚實際意義就亂用。不如直接寫「以上事項，請貴公司相關單位協助辦理」，還比較不會出錯。

8 寫郵件，每三到五句就要分段

以電子郵件來說，要寫出好讀易懂的內容，需要比企劃書或提案報告更簡潔扼要。

簡單來說有幾項重點，包括：最好把內容切分成容易閱讀的短句子；每三至五行就分段，不要全部都擠在一起；如果郵件中有超過一項以上的資訊，請務必使用條列的方式呈現；郵件內容的重點或重要段落，不妨劃線來強調。把上述重點條列整理後，就是以下幾點：

- 郵件內容**簡潔扼要**，**盡量不要超過四十行**，並分段陳述。
- 內容切分成容易閱讀的**短句子**。

- **每三至五句**就分段。
- 把複雜的資訊，用**條列式**來呈現。
- 善用**劃線**功能強調重點。

寫郵件時，還有八項資訊不可漏掉，包括：郵件標題（信件具體內容的主旨）、收件者的稱呼、問候語、自己的姓名與單位、引言、正文、結語與署名。其中最重要的是在正文開始之前，用來說明郵件主要目的的引言，因為一段好的引言，會影響收件者對郵件的感受與評價，**為了避免收件者對來信感到不耐煩，請務必在郵件的一開頭就表明來意**。

一、郵件標題（信件具體內容的主旨）

郵件標題要能讓收件者對信件的具體內容一目瞭然。例如在標題上只寫「報告」兩個字，就不如加上完整的時間及關鍵字，像「一月七日例會報告」等，讀者更容易一眼就知道信件內容是什麼。但要注意的是，標題字數盡量不要超過二十字。

二、收件者的稱呼

請記得，提到收件者的公司名稱、職銜與姓名時，請一定要寫對，寄出前務必再檢查是否有錯字。此外，尊稱或敬稱只要使用一種就好，避免用「○○襄理先生」之類的錯誤用法。若不是寫信給單一收件者，則可以使用「致○○諸位」或「致○○相關人員」等，來稱呼對方。

三、問候語

如果想在信件的開頭給予問候，只要簡單問好即可。特別針對時令寒暄，有時會讓內容過於冗長，因此可以省略無妨。如果收件者是比較傳統或對禮儀特別講究的人，手寫信或打電話會比電子郵件來得恰當。而對第一次聯繫的對象，可以使用「初次來信，您好」，或「冒昧來信打擾您，真是不好意思」等慣用語。

四、自己的姓名與單位

為了避免收件人點開郵件時，不知道寄件人是誰，所以寫郵件時，必須**在信件的一開頭就表明自己的身分**，包括任職於哪一家公司、服務於哪一個單位。哪怕前一刻才剛通過電話，在發信時也必須清楚留下自己的單位與姓名，以免對方因為信件太多而搞不清楚。

五、引言

引言是在郵件正文開始前，用來說明郵件主要目的的文字。要在信件的一開頭，就告訴讀者郵件的主要目的是什麼，接著再說明其他的狀況與細節。

六、正文

原則上，一封郵件只溝通一件事情就好，太過瑣碎的寫了一堆資訊，反而會讓內容變得難以閱讀，收件人也會抓不到重點。**如果想同時溝通好幾件性質相近的事項，可以使用條列的方式**，讓收件人一目瞭然。

七、結語

郵件內容是否讓收件人留下好印象，多半都取決於結語，因此建議信件要收尾時，別忘記感謝對方「撥出時間閱讀信件」。不妨用稍微恭敬的語氣表達「後續相關事宜，再有勞您幫忙」或「今後請您多多指教」，**最後再補充要提醒對方的內容**，例如「懇請於〇日下午四點前回覆」等。

八、署名

郵件最下方的簽名檔，是為了讓收件者在讀完信件後，知道如何聯繫到寄件者，讓收件者不必為此特別去翻找名片，所以簽名檔要提供完整的聯絡資訊。除非是強調創意或個性的產業，不然我不推薦一般上班族，使用太另類或搞怪的簽名檔格式。

另外，雖然在職場上使用郵件來溝通，主要目的是正確無誤的傳達資訊。但因為郵件內容的用字遣詞，能表現出寄件者的文字素養與個人特質，所以下筆時多花一點心思，郵件也可以獲得他人好評。

例如，如同前面提到的，不懂的用語不要用；或避免頻繁且重複使用同一個詞，像是整篇都寫「麻煩您、麻煩您」。

還有應該要注意，整封郵件須維持一致性，千萬不要寫一封道歉信，但簽名檔用一堆輕浮的表情符號，或在嚴肅的信件內容下方，放上「新活動搶先看」等活潑的促銷訊息。這樣就算講了再多次「萬分抱歉」，也難以讓收件者感受到你的誠意。

第六章

蒐集與使用數據的方法

1 數據哪裡找？

如同本書不斷強調，事實、數據與邏輯是精準表達的三大要素。在本章，我會詳細說明數據的蒐集與使用方式。首先，就透過幾個練習題，實際體驗一下如何尋找數據。

問題

「高齡者」的定義，是以超過六十五歲以上為標準。那常被稱為「高齡化社會」的日本，人口平均年齡是幾歲？

提示：日本國立社會保障暨人口問題研究所，「人口統計資料」：https://www.ipss.go.jp/syoushika/tohkei/Popular/Popular2021.asp?chap=0。

根據日本國立社會保障暨人口問題研究所統計，日本二〇一九年的人口平均年齡為四十七．四歲，與同時期的世界各國相比，已經算是高齡國家。一九六〇年代時，日本人口的平均年齡為二十九．一歲；但預估在二〇五〇年，日本六十五歲以上的高齡長者，占比將會高達四成以上。

（按：在「國家發展委員會」網站上，可查詢到臺灣歷年年齡中位數等相關資料。根據該網站資料顯示，臺灣的二〇一九年年齡中位數為四十二．一歲。）

問題

日本趨勢學家大前研一提出「M型社會」的概念，描述日本社會原以中產階級為社會主流，之後轉變為富裕與貧窮兩個極端。那麼，請問日本人民的平均所得是多少？

提示：日本厚生勞動省，「國民生活基礎調查」：https://www.mhlw.go.jp/toukei/saikin/hw/k-tyosa/k-tyosa19/dl/03.pdf。

根據日本厚生勞動省「國民生活基礎調查」中顯示，二〇一八年每戶平均所得相較二〇一七年增加〇・一％，達到五百五十二萬三千日圓。雖然與二〇一七年的年減一・五％相比「由負轉正」，但還是低於二〇一六年，經過春季勞資談判、勞方要求加薪（稱為「春鬥」）後，每戶平均所得五百六十萬兩千日圓的水準。而且依據統計資料表示，二〇一八年每戶年所得的中位數為四百三十七萬日圓，低於平均所得的家庭占了六成左右。

（按：根據行政院主計總處「家庭收支調查報告」顯示，臺灣二〇一八年每戶所得總額約為新臺幣一百三十一萬元；每戶可支配所得平均數約為新臺幣一百零三萬六千元、中位數約為新臺幣八十八萬六千元。）

問題

全日本最愛吃餃子的城市，除了栃木縣的宇都宮市與靜岡縣的濱松市之外，還有哪個城市也有潛力加入戰局？

提示：日本總務省統計局，「家計調查」：https://www.stat.go.jp/data/kakei/2.html。

根據日本總務省統計局公布的二〇二〇年「家計調查」中顯示，靜岡縣的濱松市在每戶（兩人以上）家庭購買餃子的總花費上，時隔兩年再度擊敗對手栃木縣的宇都宮市，成為「全日本最愛吃餃子」的城市。

當年度濱松市每戶家庭購買餃子的總花費為三千七百六十五日圓，相較於二〇一九年增加了兩百六十一日圓；而原先位居第一的宇都宮市，在餃子上的花費和前一年相比，減少六百六十四日圓，降為三千六百九十四日圓，退居全日本的第二名，但兩個城市競爭激烈，僅相差七十一日圓。位於九州的宮崎市，則以三千六百六十九日圓緊追在後，位居第三名。由此可推測，歷年來由濱松市與宇都宮市爭奪第一的「餃子城市」，將會有新的挑戰者宮崎市加入戰局。

日本總務省統計局公布的「家計調查」，是抽樣統計全日本約九千個家庭，每戶每月購買物品及服務等支出的資料。資料中列出的品項高達五百五十類，且依據地區分別比較各類家計消費的金額。

② PDCA循環：提出假設→檢驗邏輯

在分析數據前，如果已經有一些猜想或假設，比較容易在數據中找到線索或蛛絲馬跡；但如果預設的立場太過偏頗，往往會淪為「先射箭再畫靶」，導致解讀數據時誤判。

通常同一份數據，會因為不同的分析方式與取樣範圍，得出不一樣的判讀結果。所以比較合理的解讀方式是，重複「提出假設，再從數據裡驗證」的步驟。過程中最好排除個人的主觀意見，盡可能從客觀的角度，去挖掘數據中的事實。

分析數據後，要搭配自己的寫作課題或是提案方向，將整理與發現加入內容中，並把得出的結果或自己在意的資訊統整好，作為論點的根據。如果手邊有多份數據，請養成**交叉比對**的習慣，不要只看一份資料或單憑一種跡象，就輕率做出結論。

假設手邊已經有可用的數據，就能用前面提到的方法來分析或解讀。但如果手邊什麼都沒有，就要先針對議題提出假設。這時會應用到商業領域中，常見的**PDCA循環**（參考下頁圖表）。

提出假設時注重的是，親自到現場去蒐集第一手的情報。

例如，業務員親自訪問店家、聆聽消費者的意見、與行銷或銷售部門的負責人討論，或和商品開發部門的主管對話，蒐集關於消費者的各種資訊，並在腦海中歸納整理。

到現場蒐集第一手情報後，請思考發生問題的原因，並提出假設（P），接著拆解、分析問題（D），再進一步驗證這些假設是否合邏輯（C），如果邏輯說不通，那要再次「**提出假設↓檢驗邏輯**」，直到確認可行為止。最後用現場的數據與事實，來檢驗假設是否成立（A）。如果不成立，就回到原點重新提出新的假設，進行PDCA循環。

假設與驗證 PDCA 循環：提出假設→驗證邏輯

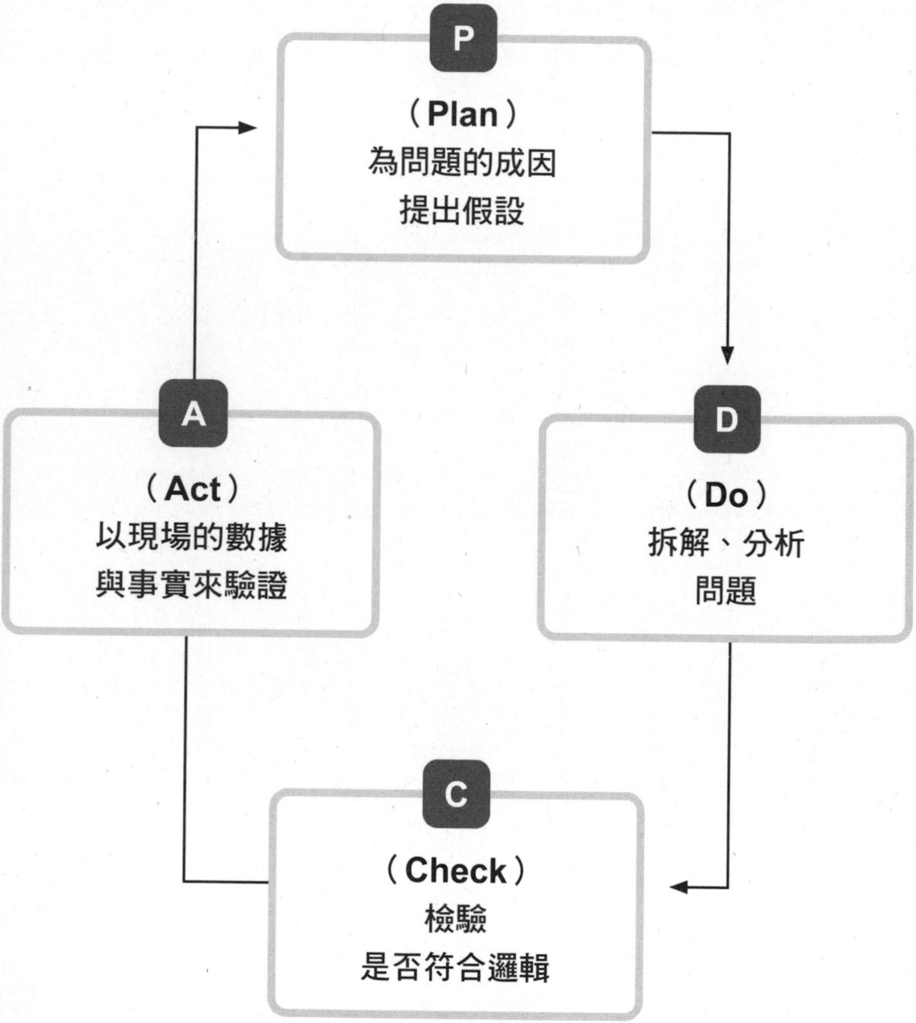

3 讀報紙——短時間吸收大量資訊

若想培養數據的分析能力，平日就要養成閱讀報章雜誌，廣泛吸收各種知識的習慣。因為具備豐富的知識，才能精準解讀數據背後的意義，進而有效運用，寫出具有說服力的文章。

尤其整個世界變化很快，各行業的邊界越來越模糊，如果仍頑固堅守單一領域，以狹隘的眼界來抗拒前進，將會跟不上時代的腳步。

我身為報社記者，難免會建議大家養成閱讀報紙的習慣。一份早報的文字量大約有二十萬字，相當於兩本書的分量。不論是再怎麼喜歡閱讀的人，要求他一天內讀完兩本書，仍很難辦到；但只要大致瀏覽一份報紙，就能輕鬆吸收到報紙上的大量資訊。而這些資訊都可能在未來的某一天，為工作帶來極大效益。

不過，想要有效率的閱讀報紙，也是有方法的。你不妨依照自己能運用的時間長短，選擇適合的閱讀方式：

首先，可以花簡短的一至三分鐘，大致瀏覽整份報紙，此時只要**簡單掃視標題與圖片即可**。因為標題就是報導的摘要，先看過標題，等於初步理解發生了什麼事。接下來如果還有時間，可以**找出自己感興趣的篇章**，從標題與前言開始閱讀。若還有時間，則可以**尋找自己不知道的資訊**。

報紙的版面有限，內容往往都經過篩選，但也五花八門。你可以從中挖掘有趣的訊息，作為與家人、同事和朋友交流的題材，或當作開啟話題的契機。

從上述可知，報紙不僅是個人獲取資訊的媒介，也是與人群溝通的橋梁，且透過平日吸收與分享的過程中，你可以更完整的理解各種議題，進而從中建立自己的想法與觀點。

④ 數據不會說謊，但文字可能不是真相

不論是企劃書、報告提案或簡報等，最主要的目的都是說服對方，而說服的關鍵，在於藉由邏輯呈現事實，讓對方無法反駁，這些單靠熱情或情感訴求都做不到。最直接的做法，是**讓數據說話**。

用數據思考，其實不需要高深的數學能力，也不必學會複雜的運算技巧，而是以數據作為基礎，準確掌握事實。

不過，可以用數據表現的都是事實嗎？並不是。

假設在企業與企業之間進行交易的銷售模式（B2B）中，列出一百間潛在客戶企業。那這一百間企業，是否已排除「曾交易過且不可能建立往來關係」的企業，代表的意義就不同（參考下頁圖表）。所以，定義不清楚的數據不能稱為

定義不清楚的數據不能稱為事實

100 間潛在客戶企業清單

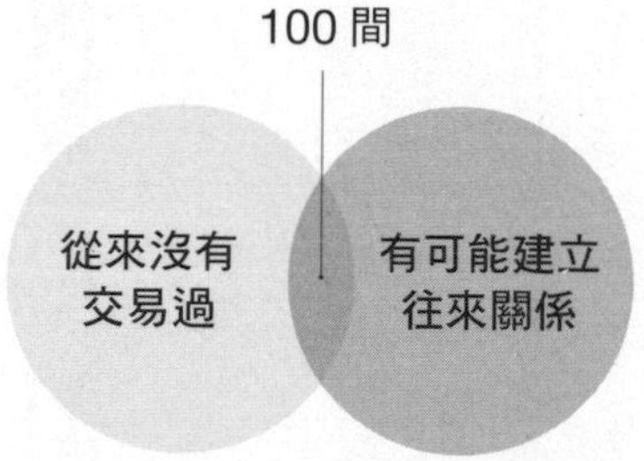

這個範圍的
100 間企業

II

都有可能成為客戶

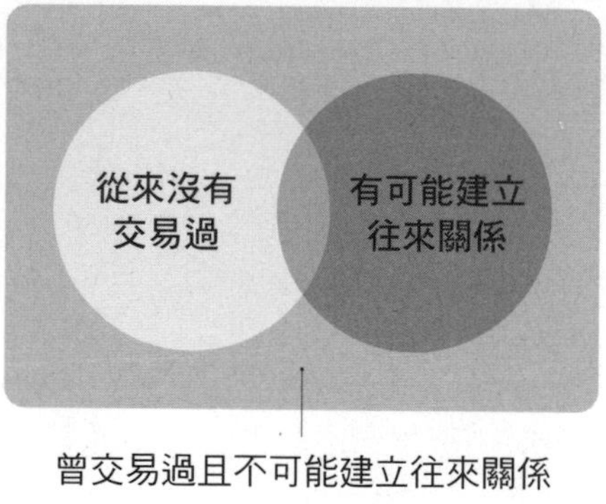

這個範圍的
100 間企業

II

可能包含
不會成為客戶的企業

事實。

許多人認為：「數據很重要，所以不管什麼內容，都先想辦法加入數據就對了。」於是整天埋首於龐大的數據資料中，卻不知道分析的目標是什麼。

原則上，所有的數據都有其價值，只要能從中發現背後的意義，那花在蒐集或分析數據上的時間與力氣，就不算白費。但更有效率的做法，是先定出一個目標，再以此目標來取捨蒐集到的數據，這將會更容易達成目標。

另外，**數據不會說謊，但文字可能不是真相**。

數據大多是單純的數值記錄，以「銷售額」為例，你可能看過類似的敘述：「本月銷售額為六百萬日圓，相較前月增加五十萬日圓。」但這樣的描述是事實的全貌嗎？有沒有考慮節慶或淡旺季等季節性因素？如果把去年或前年同期的數據也一起比較，或對照五年前的數據，解讀起來會更具公信力。

尤其二〇二〇年的許多統計數據，都受到新冠肺炎疫情影響，拿來與前年度相比，可以參考的價值也不高。

另一方面，如果只看文字敘述，光看「快速成長」一詞，到底有多快速？到底是成長多少？都無法單從文字中判斷。甚至有些看似用數據來表現的內容，實際意義卻模糊不清，例如「成長兩成」，到底是在一億日圓的基礎上成長兩成？還是在一兆日圓的基礎上成長兩成？這兩者代表的意義完全不同；又或是一年內成長兩成，還是經過十年成長兩成？只靠這句「成長兩成」的描述，沒有加入數據統計期間的話會難以分析。

在解讀數據時，不要單看文字，就認定這些描述是事實。應該以數據本身和比例等要素綜合判斷，才能有效率的加強數據分析與解讀的能力。

5 網路上的資訊，高達九成都是假的

從哪裡取得的數據才能相信？這真是大哉問。

現在網路非常發達，有不懂的事，可以上網查；有沒去過的店家，可以上網看評價。然而，**網路上的各種資訊，可能有高達九成以上都是不實的內容**，甚至有人說：「網路消息的價值，跟垃圾沒什麼兩樣。」有些報章雜誌等媒體，也會嚴格規定「禁止參考維基百科的內容」，畢竟難以確認這些網路內容，是不是有人基於什麼目的，刻意營造出來的。

因此，培養出事實的識讀力，就是資訊時代中非常重要的關鍵素養。

至於什麼樣的數據才值得信任？我認為，**用科學方法與客觀立場分析出來的數據才值得信任**，例如各國政府發表的官方統計資料或調查報告，以及學術單位

發表的研究論文等。因為直接代表政府官方或機關單位的立場，所以相對來說較為可信。

雖然也不乏陰謀論者，指稱日本厚生勞動省的統計資料有造假之嫌，但在沒有實際的證據之前，只要確認數據合乎邏輯、沒有重大缺失或錯誤，還是可以拿來作為佐證事實的數據。

另一方面，無論是再怎麼優秀的廚師，如果手邊沒有食材，什麼料理也做不出來；不論是多麼厲害的教練，若帶領的選手負傷無法出賽，也很難爭取比賽的勝利。寫作也是如此，蒐集到質量兼備的寫作素材，才能取得通往成功的鑰匙。反過來說，只要手中有新鮮的食材、有像是鈴木一朗或大谷翔平等級的超級選手，就算是菜鳥廚師或新手教練，也能依靠素材本身的優異性，繳出亮眼的成績單。

對寫作而言，所謂質量兼備的好素材，就是我一直反覆強調的數據與事實。現在只要依靠網路，不論誰都能隨時從網路上獲得大量資訊。但網路上隨處可見的內容很難驗證真實性，不一定能參考，不算是新鮮的食材或優秀的天才選手。

因此，有時須為了寫作內容，實際走訪現場、訪問具有權威性的專家。雖然為此得多花點功夫，但透過通訊軟體、電子郵件或線上會議等數位媒介，其實親自取得第一手資訊的難度已經降低不少。只要活用這些工具，相信一定能提升寫作內容的品質。

因為我們不像《日本書記》（按：日本留傳至今最早的正史）中傳說的聖德太子，可以同時與十個不同對象交談，並分別記住每一段交談的內容。所以想蒐集素材，只能靠平常努力多花時間去留意相關訊息、訪談與整理。有些報社記者能快速寫出一篇報導，是因為事前已確實蒐集了完整的數據與事實，才能在短時間之內辦到。所以為自己寫作的主題，預先蒐集好相關素材，絕對是必要的。

6 能反映經濟發展的幾個指標

本篇我會簡單介紹，如何透過數據，解讀社會的經濟發展與景氣狀況。以日本為例，可以參考失業率、有效招聘倍率（每位勞工可選擇的平均職缺數），以及消費者物價指數等重要指標（參考第一六六頁圖表）。

日本的失業率，是由總務省統計發布。在二〇一九年以前，平均每年的失業率都維持在二%上下，這已經很接近「充分就業」的狀態，也就是只要人民想工作、有能力，就能獲得工作機會。但二〇二〇年因為受到新冠肺炎疫情的衝擊，包括服務業在內，許多企業都因業績不如預期，採取鼓勵員工自願離職、暫緩招聘新人或解聘非正式員工等政策，造成失業率提升至二．八%。

（按：臺灣的失業率由行政院主計總處統計，二〇二〇年的失業率為三．

八五%，年增〇．一二個百分點。）

至於日本的有效招聘倍率，則是由厚生勞動省統計發布。在新冠肺炎疫情爆發的前幾年，有效招聘倍率超過泡沫經濟時期（高峰期為一九九一年的一．四倍，意為每位勞工可以選擇的職缺數約一．四個），某些企業面臨人手不足的窘境（按：日本泡沫經濟一般指一九八六至一九九一年，是日本戰後的第二次經濟發展時期，僅次於一九六〇年代後期的高速發展時期）。

而被喻為「景氣溫度計」的消費者物價指數（CPI），是用來衡量一般家庭，購買各種消費性商品及服務的物價變動情形，日本的CPI由總務省按月發布。

當物價水準持續上漲，會導致通貨膨脹；當物價水準持續下跌，則會引發通貨緊縮。一般來說，都希望物價能維持緩慢上漲的趨勢，代表各行各業的發展穩定成長。

關於日本不含生鮮食品的消費者物價指數其年增率，在二〇一八年為〇．九%、二〇一九年為〇．六%、二〇二〇年為負〇．二%，遠低於日本央行設定的「年增率二%」，可見經濟成長的目標目前難以達成。

能反映經濟成長狀況的重要指標

指標	發布單位		指標意義
失業率	日本	總務省	在總適齡勞動人口（含已就業及未就業人口總數）中，失業人口的占比。
	臺灣	行政院主計總處	
有效招聘倍率	日本	厚生勞動省	每位求職者平均所能獲得招聘的職缺數。
消費者物價指數	日本	總務省	衡量一般家庭購買各種消費性商品及服務的物價變動情形。
	臺灣	行政院主計總處	

（按：臺灣的CPI由行政院主計總處統計，關於核心消費者物價指數（不含蔬果及能源）其年增率，二〇二〇年為〇．三五％。）

像以上這三大指標，其統計的範圍擴及日本全國。但如果是一般坊間的問卷調查，可能會因為樣本數不足，而導致不具參考價值或不具代表性。例如曾有日本電視節目，提出某項議題並採訪一百位民眾，將結果做成排行榜後在節目中討論。但這一百位民眾，就能代表全國國民的意見嗎？不免令人懷疑。

第七章

動筆之前的準備

1 每件事都有其背景與原因

說到日本便利商店的促銷活動，一般人最熟悉的，應該是「飯糰百圓特價」與「滿七百日圓即可參加抽獎」這兩項。尤其是後者，只要每消費滿七百日圓，就可以換得一次抽獎機會，除了能抽到折扣優惠，還有機會獲得各種大小獎。

然而，是否曾有人思考過，為什麼抽獎的滿額門檻是「七百日圓」，而不是其他金額？

有一種看法是，「七百日圓」的「七」，源自於「7-Eleven」的「七」。我無法斷然否認這種說法，但依照我的觀察，「七百日圓」這個數字與便利商店的營業額有密切關係。

全日本的便利商店總家數約為五萬五千家，關於每家便利商店平均每日的銷售額，以二〇二〇年上半年度來說，便利商店龍頭「7-Eleven」是六十四萬一千日圓；而位居第二的「全家」，約為四十八萬八千日圓；第三名的「LAWSON」（羅森），則約為四十八萬五百日圓。而不論是哪個品牌的便利商店，每日的來客數都約為一千人上下，差異並不像營業額這麼大。

相信讀到這裡，有些人應該已經猜出我想說什麼了吧？只要把平均每天的銷售額，除以平均每天的來客數（一千人），就能算出每位客人的每日平均消費金額（客單價）。因此可以推論，對7-Eleven而言，舉辦促銷活動的用意，可能是想讓客人再多買一件商品，將平均的客單價從六百多日圓，提升到七百日圓以上；而對全家與LAWSON來說，則是希望追上7-Eleven的客單價，所以才會把抽獎的滿額門檻，都定在七百日圓。

世界上所有的事，都有其發生背景與依據，而這就是我一直提到的事實。

從上面這個例子來看，便利商店把滿額抽獎門檻的數字定為「七百日圓」，或許就是源自於「7-Eleven」的「七」，也可能跟「幸運數字七」有關。但從隱藏在事實背後的數據，可以分析出這三家便利商店的客單價，介於四百多至六百多日圓。從這個數字能再延伸出合理的猜測：企業想提升平均客單價，或客單價追上龍頭業者，所以將抽獎門檻定為「七百日圓」。

所謂「邏輯」就是，以眼前的現況（滿額抽獎門檻為七百日圓），連結過去曾發生的事實（日均銷售與每日來客數），並找出其中的脈絡（為了提升客單價），以此提出合理的論述（所以定為七百日圓）。這在商業領域中，尤其想做出正確的判斷與決策時，是不可或缺的關鍵。

② 實地、實物蒐集資訊，眼見為憑

豐田汽車是一家重視「務實」的公司，公司內部強調「實地、實物」（在現場親自確認實物）的觀念，所以豐田主管會說：「要實地、實物的去認清本質、追溯事實、確認真相。不親自到現場調查，就不算是做到『實地、實物』。」（參考下頁圖表）因為這個企業文化，讓豐田汽車持續追求改善，才能躍身為世界前幾大的汽車龍頭業者。

由此可知，以事實為依據、從數據來考量，是企業做決策與判斷的基礎。如果手邊沒有統計數據或問卷報告等定量資料，就要親自到現場，用自己的眼睛與耳朵挖掘事實、感受實際狀況。

我舉一個關於日本便利商店的案例。一般大眾的印象中，都覺得「關東煮」

豐田汽車的「實地、實物」觀念

蒐集事實的方法

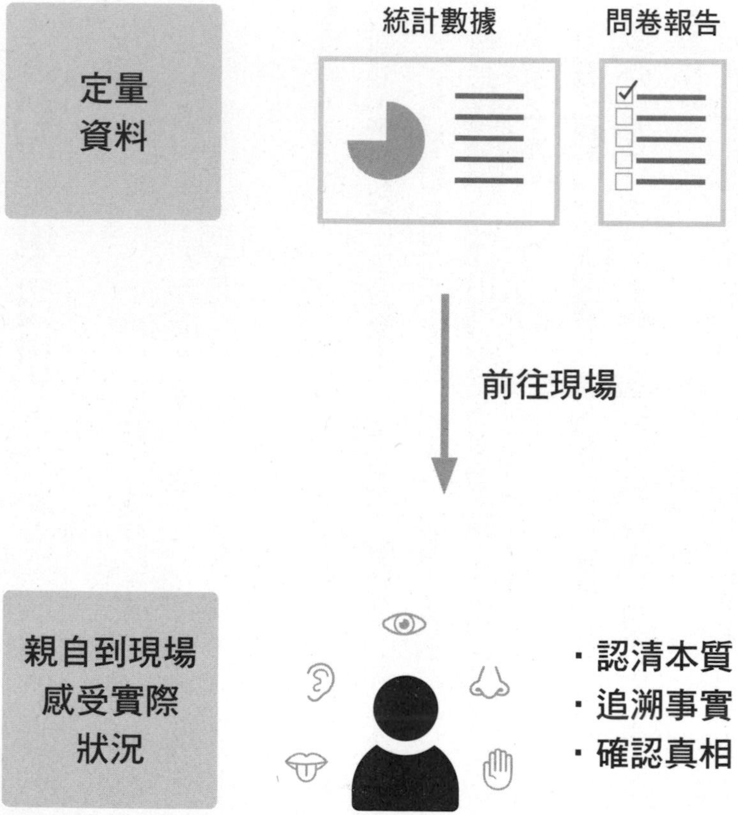

是充滿濃厚冬季氛圍的商品。但其實便利商店的關東煮，早從每年的八月底、九月初，就會陸續開始販賣。

大家可能會懷疑，這難道不會太早嗎？其實只要到現場觀察一下，就會發現近年 7-Eleven 的關東煮銷售業績，都是在夏天快結束的九月左右最暢銷，而銷售次佳的月分，則是在十月。等真正進入冬天以後，關東煮的銷售業績反而都相當穩定持平，不如九月和十月這麼亮眼。

這是因為在夏末秋初等換季時刻，人的身體通常會明顯感覺到溫度變化，導致這時特別想吃關東煮這類的溫暖食物，使關東煮的銷售業績，在九月和十月出現特別明顯的攀升。

市面上有不少商品都跟關東煮一樣，真正暢銷的月分，其實與一般人憑感覺認為的最佳月分有不少落差。像是大家可能認為在寒冷的冬天裡，冰淇淋一定會滯銷；但因為現在在日本，家家戶戶都有暖氣，有些人喜歡在開著暖氣的家裡享用冰淇淋，據說某些高級冰淇淋商品的銷售高峰，反而不在夏天，而是在冬天。

3 要留意，資訊是否為最新版本

在職場上，判斷不能只憑感覺，企業通常會以事實作為下決策的基礎。但如果事實無法被驗證真偽，就有可能導致後續一連串的錯誤。既然如此，我們該如何判斷訊息來源是否可靠？這點對新聞或媒體業界來說，也是個重要的課題。

基本上，如果消息是**由各國政府、國際組織或知名智庫公開發表**，資訊的正確度就比較不會有問題。但**要留意，資訊是否為最新版本**，萬一引用到過時的資料作為依據，可能會因為時空背景不同，推導出錯誤的結論。

此外，若資料無法查出出處，最好不要隨意引用。尤其網路上的資訊繁多，像維基百科之類的網站，無法準確查出部分資訊的出處與真實作者，因此不建議作為事實來使用。掌握正確的原始資料，是傳遞資訊的鐵則。

另外，許多政府單位公布的統計數據，由於是制定相關政策時的重要指標，所以，如果你熟悉這些官方數據，就能實際感受到社會的演變，甚至進一步預測未來的趨勢發展（參考下頁圖表）。

例如，日本的人口普查是由總務省定期辦理，每五年辦理一次，是日本國內最大型的調查之一。調查範圍以居住在日本的所有人與家庭為主，調查項目包括人口、家庭結構，以及行業類別與地區的就業人口概況等，呈現出人民生活的真實樣貌。

（按：臺灣的人口普查由行政院主計總處統計，原則上十年辦理一次。）

日本的經濟普查是從二〇〇九年才開始進行，由總務省與經濟產業省辦理。本項調查約每二至三年舉辦一次，又被稱為「經濟版的人口普查」。內容包括基本調查與產業調查，含括近兩千種產業類別的企業數與營業規模。

日本的家計調查以全日本約九千個家庭作為採樣依據，本項調查的最大特色是，詳細統計每戶家庭每日的消費習慣，包括「夏季土用丑日的鰻魚支出費用」等數據（按：夏季土用丑日落在七月十九日至八月七日之間，處於容易中暑的氣候下，日本長久下來，發展出吃鰻魚補身體的習俗），都可在本調查中找到相關

重要的官方統計資訊

調查項目	實施單位		調查區間
人口普查	日本	總務省	每 5 年一次
	臺灣	行政院 主計總處	原則上 10 年一次
經濟普查	日本	總務省、 經濟產業省	每 2 至 3 年 一次
家計調查	日本	總務省	每月
家庭收支 調查	臺灣	行政院 主計總處	每年
貿易統計	日本	財務省	每月
	臺灣	財政部	

資料。

（按：臺灣的家庭收支調查，由行政院主計總處統計，每年調查一次。）

日本的貿易統計由財務省辦理，該項調查可以掌握日本國內進出口貿易的概況，例如每個月的農產品或汽車等貨物輸入、輸出統計等資訊。也可藉由貨物輸入的趨勢，例如珍珠奶茶或臺灣香蕉等商品貨物，觀察出消費動態與市場趨勢。

（按：臺灣的貿易統計由財政部進行，每月統計一次。）

4 網路上沒有第一手資料

人們很容易在無意之中，將心中的盼望或價值觀投射在事實上，以為自己所知、所想的就是真相。而類似這樣的盲點，很可能會導致蒐集資訊時出現錯誤。

所以看見感興趣的新聞或資訊時，不要一股腦的全盤接收，而是先找出資料的原始出處，再參考其他人（或其他媒體）對事件的論述方式，並觀察他們為什麼從某個角度切入？或為什麼從某種立場來報導？

另外，一般來說，具有可信度的數據，通常有以下七種特徵：

- 是未經加工、轉述的原始資料。
- 讓人印象深刻。

- 容易理解。
- 具有客觀性。
- 透過科學的調查方法得出。
- 有可以相互驗證的其他資料。
- 資訊處理過程嚴謹。

分析數據時，不必同時具備以上七種特徵，但若想從數據中篩選出事實，特徵符合越多越好。

此外，資料的來源也分成兩種，一種是親自調查後得到的第一手資料；而另一種則是從他人的研究中獲得，稱為第二手資料。這兩種都是重要的資訊來源，但如果盡量取得富有原創性的第一手資料，就能寫出具有獨特性的內容。

第一手資料是指自己親自走訪現場、親自參與訪談，才可以獲得的資訊，例如：「原來這個人這麼有趣」或「原來這家公司的新服務，是出自於這樣的創意」等，這些細節想單靠網路搜尋，是看不出所以然的。

就算網路上也找得到相關內容，但這些內容畢竟經過別人的詮釋與轉述，距離真正的事實，恐怕還差了一步「眼見為憑」的距離。自己當面、直接獲得的資訊，藉由感官的觸動與臨場感，更能穿透表面的描述，探究事實的真相，這些都無法透過報紙或螢幕直接感受到。

所以希望大家明白，雖然單靠第二手資料，還是能產出一定水準的內容，但一定比不上第一手資料要來得可靠。如果你獲得只有自己知道的第一手資料，那就非常有價值。

5

關鍵字進階搜尋技巧

「搜尋」是人們在網路上最常使用的功能之一，藉此能立刻查詢不知道的資訊。若會活用一些搜尋技巧，查資料時會更有效率。

只要在搜尋引擎中輸入想找的關鍵字，相關資訊就會呈現在眼前。搜尋時，增加關鍵字的數量，結果會更為準確。因此，可以試著輸入多組關鍵字，並以空白鍵隔開。

如果希望搜尋結果更準確，應該輸入哪些關鍵字？首先確定自己要搜尋的主題是什麼，再思考與主題相關的詞語有哪些，最後輸入這些詞語的正式用語當作關鍵字。例如想搜尋「關於智慧型手機出貨量增加的情況」，可以初步推測，網路上應該會有「智慧型手機出貨量趨勢」之類的報導或研究資料。此時，就可以把「智慧型手機、出貨量、趨勢」當作關鍵字。

如果已經在關鍵字下過功夫，卻還是無法順利找到需要的資料，則可以試試看，以下介紹的幾種進階搜尋技巧：

A（半形空白鍵）B

這個指令是要求搜尋引擎，把包含A與B關鍵字的資訊找出來。

A（半形空白鍵）OR（半形空白鍵）B

這個指令是要求搜尋引擎，把包括A或B關鍵字的資訊同時找出來。內容只要有一個關鍵字符合，就會顯示在搜尋結果中。

A（半形空白鍵）-B

這個指令是要求搜尋引擎，在含有A關鍵字的訊息中，把含有B關鍵字的訊息剔除。適用於想搜尋A關鍵字，但不需要B關鍵字資訊的情況，以限縮搜尋結果的範圍，提升搜尋精準度。

“A”

若想搜尋與關鍵字完全符合的內容，可以用「“ ”」把關鍵字框起來。適用於搜尋專有名詞、專業術語等特定用詞的情況。

A*

如果忘記某個詞的一部分，可以在搜尋引擎輸入這個詞中還記得的部分，而忘記的字就打上「＊」符號取代。搜尋引擎會自動找到，與＊字符號前後都相符的資訊，例如輸入「花團＊簇」，搜尋引擎就會把「花團錦簇」找出來。

A是什麼意思

想知道某個詞的解釋時，可利用這串關鍵字來搜尋，就能比較快的找到相關資訊。

6 遠離同溫層，培養媒體識讀力

記得當新冠肺炎疫情剛開始爆發時，因為假消息與假新聞到處流傳，幾度造成社會的不安與恐慌。其中，最讓人印象深刻的就是「衛生紙之亂」——未經查證的衛生紙缺貨消息，造成民眾瘋狂搶購衛生紙。可見面對未知與恐懼，人們特別容易被誤導與煽動。

因此，為了避免被錯誤的資訊影響，必須具備判斷資訊真偽的識讀力。而辨別資訊的第一步，就是確認消息來源與原始出處。比起相信網路社群平臺上的消息，身為記者的我，更建議大家參考報章雜誌與電視等傳統媒體。經驗豐富的記者耗費心力蒐集第一手資料，再經過報社或電視臺的層層把關，一篇報導才有機會出現在大眾面前，因此真實性與可信度相對較高。

至於在網路社群平臺流傳的資訊，要不是少數人的個人意見，不然就是轉過好幾手的內容。所以在網路上接收到任何資訊時，**請一定要找出資訊的原始來源與出處**，再三確認資訊的依據與論點是否經得起驗證。只要多一步查證，可能會發現這些內容跟原始出處相比，已相差十萬八千里。

此外，也要**避免同溫層局限了我們對事實的認知與理解**。因為現今的網路科技，大量使用人工智慧的演算法技術，會依據使用者的使用偏好，不斷提供同類型的資訊。如果長期吸收這些被篩選過的同類型資訊，可能會讓我們變得有失偏頗，無法用客觀理性的態度來評論相關事務。

換言之，在資訊爆炸的時代，人們更須培養媒體識讀力，建立能讓自己獨立思考、理性判斷的資訊解讀能力。尤其隨著科技不斷發展，訊息的流動與擴散都十分快速，因此在接收或傳遞任何訊息時，請先思考：「這個訊息會對受眾造成什麼影響？」不要片面接收無法證實的訊息，也不要成為不明訊息的傳播者。

第八章

手把手傳授，
第一次寫作就上手

1 確定文章的內容、目的與對象

在本書的前幾章中，我說明了事實與數據的重要性，也告訴大家怎麼透過邏輯來說服讀者。在本章，我會運用前面提到的各種技巧，帶各位實際練習寫作。

開始下筆前，我要特別說明，即使知道再多寫作技巧，例如寫作時內容應簡潔扼要、一次只強調一件事等，但如果無法釐清寫作最根本的核心，面對鍵盤或稿紙時，也會很難下筆。而**最重要的核心，就是內容、目的與對象**。

- 想表達什麼內容？
- 想達成什麼目的？
- 對象是誰？

面對這三個問題，一定要在心中有清晰的答案，或拿出紙筆，把這三個問題與答案都條列出來。

一、想表達什麼內容？

我們在與他人交談、閱讀資料或吸收情報時，都會思考，而這些都是寫作內容的來源。接著，要針對想表達的內容蒐集相關資訊，並確認事實、原因與後續進展等。

例如，如果要寫會議紀錄，那麼內容應包括討論的過程、與會人員做出的決策，以及各項議案的執行期限與成效追蹤等。必須將整場會議都鉅細靡遺的記錄下來，這份會議紀錄才算完整。

二、想達成什麼目的？

寫作的目的，就是希望透過文章，傳達哪些事、達成什麼效果。

至於要制定什麼目的，根據對象是組織內部（主管、同事）或組織外部（顧客或一般消費者），會有所不同。假設企業內部的大目標是「提升工作效率」，那可以延伸出各種寫作目的，例如做會議紀錄並妥善保管、配合趨勢並搶先發展事業、團隊間共享資訊等。

三、對象是誰？

「閱讀文章的對象是誰？」也是在寫作時要不斷思考的問題。在職場上，閱讀的對象可能是主管、同事或客戶等。如果對方對相關議題已經有一定的了解，那可以省略一些雙方都知道的基礎資訊；如果對方對相關議題並不那麼熟悉，例如接手新業務的主管、初次合作的新客戶等，那要盡量迴避使用相關領域中的專業術語，或用淺顯易懂的方式補充說明。

此外，也要意識到對方有多少時間閱讀你寫的內容。每個人每天能應用的時間都是固定的，也都有很多事情要忙，應注意在時間有限的情況下，怎麼寫出讓人好懂易讀的內容。

2 構思標題並列出要點

下筆前，還有兩項重要的工作要先準備，那就是構思標題與整理要點。

我不建議內文都寫完後才構思標題，而是動筆之前就先確定好，才能確保在寫作的過程中不會離題。

報社記者通常在撰稿前或採訪中，就會預先想好標題。假設某篇報紙社論，以「應透過國際合作對抗通貨膨脹」為標題，那這個標題就代表報社（或作者）對此議題的立場與主張，因此讀者會在內文一開始，看到與該論點相符的敘述。

像是：「為了防止新冠肺炎疫情持續擴大，各國相繼大規模動用國家財政工具，來進行量化寬鬆等政策，進而導致開發中國家財政吃緊，甚至造成全球性通貨膨脹發生的可能性大增。故世界各國為此應積極加強金融與經濟合作……。」

只要延續標題的主張，引述相關事實與數據，就能完成一篇具有說服力的報導。

郵件主旨也是標題的一種，不過很容易被忽略。我們經常看到信件主旨上寫「關於全體會議」、「洽談協商合作」或「有事麻煩」，無法讓收件人一目瞭然。但如果修改為「檢附全體會議資料」、「有關新店家合作事宜協商」，或「委託您代理出席會議」等，收件者即使不一一點開信件，也能馬上了解信件的重點是什麼。

用郵件寄送提案報告或企劃書時也是如此。例如，比起在標題寫「關於顧客策略的建議」，不如改寫成「客服中心業務效率增長提案」、「紙本傳單減量與網路觸及率提升建議」等，可以讓收件者迅速理解提案內容，且增加閱讀郵件的意願。

除了構思標題之外，也要整理出內文中相關佐證資料的要點。

所謂要點，就是本書一再提醒大家的事實與數據。這些要點，是主張與立場的根據，也是內容與主題的出發點，彼此之間有相當緊密的關聯性。

在整理要點時，也有機會從中發現一些線索，例如當你發現「零售業A公司進軍越南、物流業B公司也進軍越南、服務業C公司也進軍越南」，就能進一步從個別資訊中歸納出共同點，進而得出「為了拓展龐大的潛在市場，許多日本企業都選擇前進越南」的推論，或藉此發現事實的前因後果。

另外，對商用寫作來說，除了應避免引述錯誤的內容，如果沒寫到重要的資訊，也是不及格的文章。因此下筆時，希望你能應用本書提到的MECE分析法，檢視內文是否「不重複、不遺漏」（參考第四章第三節），並確認是否有提到6W3H（參考第一章第五節），檢查重要資訊是否完整。

3 練習一：除了查維基百科，補充更多資訊

接下來，我想帶大家一起實際練習寫作：

練習

日本的電視節目上曾提過，在日本，幾乎每天都有紀念日。請試著介紹「紀念日商業化」的現象。

- 目標讀者：促銷販售或行銷企劃相關工作人員。
- 目的：作為「全年度行銷活動規畫」的會議資料。

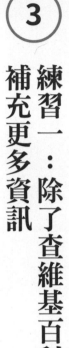

下筆前，要先釐清想表達的內容。從前面的敘述中能得知，文章內容是「介紹日本的『紀念日商業化』的現象」，所以這可以暫時當作標題。

接著，要開始蒐集相關資訊。可從網路著手，在搜尋引擎中輸入關鍵字「紀念日」來搜尋。以日文版 Google 搜尋引擎為例，呈現的第一筆資料是「一般社團法人日本紀念日協會（https://www.kinenbi.gr.jp/）」；接著是維基百科的「紀念日」與「日本紀念日一覽」兩筆資料。從這三筆搜尋結果中可大略得知，日本紀念日協會的主要業務，是接受企業或團體申請，提供「紀念日」的審核與註冊等服務。

此外，如果搜尋關於日曆或節氣的資訊，可以了解到與節氣相關的習俗；有些紀念日的起源，則是基於歷史或傳統文化的演變，例如日本的「勤勞感謝日」（按：此紀念日的日期是十一月二十三日，源自於古時向眾神表示感謝的祭祀「新嘗祭」）。

以上這些資料，任何人只要透過網路搜尋，就能輕鬆取得。所以應該思考一下：「有哪些資訊，是目標讀者想知道或感興趣的？」並以此方向進一步查詢。

例如，在過去的生活經驗中，好像曾聽過「草莓蛋糕日」。此時可以先在日本紀念日協會的網站中，看看有沒有相關資訊？但在該網站搜尋後，發現沒有進一步的線索。

接著再回到Google搜尋引擎，輸入「草莓蛋糕日」。從搜尋的結果中，可以發現：因為「草莓」的日文發音，與日文的「一」、「五」相仿；而在月曆上，因為每個月的「十五日」都在「二十二日」的正上方（按：因十五日與二十二日相差七天，在月曆上是同一直排），就像是「草莓」（十五日）擺在蛋糕上一樣，於是，每個月的二十二日，就被稱為「草莓蛋糕日」。

再從相關資料中得知，這個天馬行空的創意想法，是源自於日本仙台的連鎖甜點店，後來被「銀座Cozy Corner」等品牌作為行銷策略，進而發揚光大。

為了讓寫出來的文章更豐富，可以從草莓蛋糕日的類似概念出發，再搜尋看看還有什麼以「食物」為主題的有趣紀念日，你可能會發現還有「炸什錦日」以及「蛋糕捲日」。又進一步藉由搜尋得知，許多特殊的紀念日，其實都是源自於商業活動的行銷或宣傳創意。

然後，回到本篇內容的題目「介紹『紀念日商業化』的現象」，接著聯想到最具商業化氣息的「西洋情人節」，在日本之所以會開始盛行的契機，似乎是因為「Mary Chocolate 公司」宣傳巧克力的行銷策略。我們也把這個資訊記下來。

接下來，將蒐集到的資訊條列出來：

- 一般社團法人日本紀念日協會。
- 日本紀念日協會的宗旨之一，是「紀念日可以豐富人們的生活、為歷史留下印記、讓產業蓬勃發展，並用紀念日的形式，向大眾傳遞社會的重要訊息」。
- 日曆、二十四節氣、歷史或傳統文化。
- 「草莓蛋糕日」是從月曆格式發想出來的。
- 「銀座 Cozy Corner」等甜點店，善用的行銷方式。
- 類似案例還有「炸什錦日」、「蛋糕捲日」。
- 「Pocky & PRETZ 日」（十一月十一日。Pocky 和 PRETZ 都是細長棒狀餅乾品牌，由企業江崎固力果製造）。
- 西洋情人節在日本盛行的原因？

從條列出來的要點中，可重新發想幾個標題，例如：「商業宣傳的影響下，掀起紀念日風潮」、「紀念日大爆發，全日本有許多稀奇古怪的紀念日」等。

然後，請回頭檢查標題與要點中，有沒有缺少或遺漏什麼重要資訊？這時會發現一個問題：「所以每年到底有多少紀念日？」

這個問題，可以在日本紀念日協會的網站中找到解答：「截至二〇二〇年三月底，經本協會認證登錄的紀念日總數，已經超過兩千一百個。」這個數據非常重要，可以當成內容的佐證，用來支持「日本的商業化紀念日風潮」這個論點，如果缺少這個事實，整篇文章的論述強度就會減弱許多。

最後，終於進行到動筆開始寫的階段。現在已經有構思好的標題、條列出來的要點，可以開始依照要點加入更詳細的說明。

在本次練習中，使用第二章介紹過的 PREP 法示範：

第一段開頭直接說出結論：「在日本，每天幾乎都有紀念日。」（P，主張）然後向讀者簡介現況，點出日本的紀念日來源與種類繁多、超乎一般人想像，來吸引讀者注意力。接著說明紀念日與商業化之間的連結。

第二段則要進一步說明前段論點的理由（R），並補充實際現況的細節作為佐證，包括「一般社團法人日本紀念日協會認證登錄的紀念日總數，已經超過兩千一百件之多」等。

從第三段開始，則介紹相關的具體案例（E），提到早年已有西洋情人節，在企業宣傳下被商業化的過程，證明紀念日商業化已行之有年。再舉例說明，羅列一些讓人意想不到的紀念日，例如「草莓蛋糕日」、「炸什錦日」、「Pocky & PRETZ日」與「麵之日」等，說明紀念日商業化的現象，到目前仍持續發展。

最後，則引述日本紀念日協會的宗旨，並呼應文章開頭，做出「紀念日商機將持續擴大」的結論。

範例

商業宣傳的影響下，掀起紀念日風潮

在日本，每天幾乎都有紀念日。單看日本的十一月，在月曆上就有傳統二十四節氣中的立冬，以及文化紀念日、勤勞感謝日等。甚至還有一些紀念日，是從民間單位開始流行的，例如十一月十一日的「Pocky & PRETZ日」，以及十一月二十二日的「好夫妻日」等。儘管每個紀念日的源由各有不同，但確實有許多紀念日，是基於擴大消費需求的商業目的，被企業（包括製造商與零售通路等）發明出來。

一九九一年成立的一般社團法人日本紀念日協會（長野縣佐久市），主要業務是接受企業或團體申請，提供紀念日的審核與註冊等服務。根據該協會的統計，截至二〇二〇年三月底，該協會認證登錄的紀念日總數，已經超過兩千一百件，而且這個數字仍在持續增加中。

一般而言，如果是由國家或政府單位制定的節慶或紀念日，多半會以傳統文化、歷史上的重要事件作為根據，例如憲法紀念日或女兒節等。但從民間單位開始流行的紀念日，則多半會基於諧音或雙關語等理由被創造，例如每年十一月二十二日的「好夫妻日」（日文的「一一二二」，諧音同「好夫妻」），或每個月二十九日的「肉之日」（日文的「二、九」，諧音同「肉」）等，超市或餐飲業等相關企業團體，也會推出相應的特賣活動，像是肉品特價等。

紀念日商業化最明顯的，應該就是二月十四日的西洋情人節了。該節日原本是為了紀念西元二七〇年，受到羅馬皇帝迫害，殉道而死的神父聖瓦倫丁而設立。但一九五八年時，日本的「Mary Chocolate 公司」（東京．大田）在這天，於伊勢丹新宿本店舉辦了盛大的巧克力宣傳活動，從此變成「女性贈送巧克力給男性，以表達心意的重要節日」，甚至一路盛行到全日本。

除了前面這些紀念日外，大家知道「草莓蛋糕日」是哪一天嗎？（答案的提示就在月曆中）正確答案是：每個月二十二日。

因為「草莓」的日文發音，與日文的「一」、「五」相仿；而在月曆上，因為每個月的「十五日」都排列在「二十二日」的正上方，就好像「草莓」（十五日）擺在蛋糕上，於是每個月的二十二日，就被稱為「草莓蛋糕日」。這個天馬行空的創意想法，據說是源自於日本仙台的連鎖甜點店。

另外，連續四個一就像並排的麵條，所以十一月十一日被稱為「麵之日」；而無論是烏龍麵或蕎麥麵等各種麵食，日本人經常會搭配炸什錦。所以在月曆中，十一月十一日正上方的十一月四日，就被定為「炸什錦日」，這個紀念日是由冷凍食品製造商「Ajinochinuya」（香川縣三豐市）提出。

除此之外，十一月十一日不只是「麵之日」，生產販售「Pocky」餅乾棒的企業「江崎固力果」，也基於造型聯想的理由，將這一天申請登錄為「Pocky & PRETZ日」。而類似的紀念日，還有六月六日「蛋糕捲日」，是從蛋糕捲剖面的圖案聯想而來。

介紹了這麼多的紀念日，相信大家都能感受到，這些創意十足，且充滿諧音或雙關語樂趣的紀念日，不僅豐富了人們的生活，也讓日常充滿幽默風趣，更是許多市場話題與企業商機的重要來源。就如同日本紀念日協會的宗旨：「紀念日可以豐富人們的生活、為歷史留下印記、讓產業蓬勃發展，並用紀念日的形式，向大眾傳遞社會的重要訊息。」

未來還會有什麼嶄新的紀念日登場？讓我們拭目以待。

雖然，只要參考一般社團法人日本紀念日協會或維基百科等網站，就能概略「介紹『紀念日商業化』現象」。但是在本範例中，額外加入一些較為獨特的資訊，例如諧音或雙關語的紀念日等，在傳統或歷史定義的紀念日外，補充更多具有特色的資訊，以吸引讀者的注意力，進而增加對文章的認同感。

4 練習二：用數據呈現趨勢變化

在蒐集素材、整理條列出來的要點時，除了事實與數據等內容外，包括訊息的來源出處、數據分析的關鍵數字等，都要盡可能的一一記錄下來。我們再來練習看看：

練習

新冠肺炎疫情對日本民眾的生活，究竟出現哪些影響？請提出可靠的數據佐證，並加以說明。

- 目標讀者：管理階層或銷售部門主管。
- 目的：作為「新年度預算規畫專案啟動會議」的會議資料。

針對「有哪些變化」這類的議題，因為涉及前後統計期間的比較，所以建議**使用時間軸為基準，列出某個期間，其各項統計數據或調查報告的觀察與比較，**才能發現趨勢變化。

日本「博報堂生活綜合研究所」長年執行「生活定點」調查，內容是針對日本民眾的消費行為與消費價值觀，進行定期的研究觀察與分析，所以相關的調查資料十分具有參考價值。此外，也可以使用「新冠肺炎」、「民眾」與「消費」等關鍵字，從網路上找到以下資料：

・博報堂生活綜合研究所，第十次與新冠肺炎相關的消費者調查（二〇二一年一月）：https://seikatsusoken.jp/newsrelease/16578/。

生活自由度：如果疫情前為「一百分」，如今僅約「五十六・三分」。

・日本總務省統計局，勞動力調查：https://www.stat.go.jp/data/roudou/sokuhou/tsuki/index.html。

二〇二〇年十二月的失業率為二・九％。

・日本厚生勞動省，就業服務媒合調查：https://www.mhlw.go.jp/stf/houdou/0000192005_00010.html。

新職缺招募人數與疫情前一年的同月相比，約減少兩成。

・博報堂生活綜合研究所，次月消費意願預測・二〇二一年二月（消費意願指數）：https://www.hakuhodo.co.jp/news/newsrelease/87380/。

二〇二一年一月為四十八・六分，相較前月降低六・三分。

・Nowcast報導，根據「JCB消費NOW」呈現出的二〇二〇年整體消費趨勢：https://www.nowcast.co.jp/news/20210127/。

JCB信用卡的消費數據（二〇二〇年一至十二月），與前一年同月相比，外食費用減少三六％、旅行支出減少四〇％。

・Shopify報導，「Shopify調查：未來電子商務樣貌！？受到新冠肺炎疫情的衝擊，日本消費者的購物傾向與二〇二一年五大電子商務趨勢大預測」：

https://prtimes.jp/main/html/rd/p/000000058.000034630.html。

五四%的受訪者認為，「可以藉由本地消費來活絡地方經濟」；三九%的受訪者傾向「支持對地方或社區有貢獻的企業」。

平日閱讀報紙或瀏覽新聞網站時，可以養成習慣，留意這些報導的數據或情報來源，在蒐集資料時都能派上用場。

下筆前，請注意：一、一開始就先表達結論或主張；二、用事實與數據來佐證或說明。且不要只看單一數據就妄下結論，多從不同的面向比較，會讓內容更有說服力。

參考前面蒐集的各種調查報告與數據分析，再結合相關新聞報導後，可以初步得出「新冠肺炎疫情，確實對民眾與消費者的心情產生不安等負面影響」的論點，接著根據前面的論點，推測「新冠肺炎疫情帶來的影響，恐怕不是暫時性的」，最後以年輕族群為觀察對象，提出自己的獨特見解。

範例

消費者新傾向：追求當下心情愉快、對社會有貢獻

因為新冠肺炎疫情擴大的衝擊，日本民眾生活出現巨大改變。根據「博報堂生活綜合研究所，與新冠肺炎相關的消費者調查」得知，如果用疫情前作為基準，基準分數為一百分，那疫情後的現在，民眾對生活自由度的感受已降至五十六．三分（二〇二一年一月），但在個人的生活與消費行為等方面，則出現了「追求舒適與當下心情愉快」的傾向。

推測是因為新冠肺炎疫情爆發，讓民眾產生強烈無力感，認為周遭的大環境無法控制，且單靠個人力量也無法改變些什麼，故轉而追求自己能掌控的事物、為自己建立安心感。展現在消費行為上，就是人們更重視眼前的生活，包括居家空間，以及與家人、朋友的關係等；且相對於一年半載後的未來，人們更為在意當下，所以願意積極追求生活的舒適程度。

大環境除了影響民眾的消費行為與消費價值觀外，對個人的財務與經濟狀況，也產生重大的影響。例如全球為因應新冠肺炎疫情的衝擊，各國政府相繼推出貨幣寬鬆政策，並動用國家資源來振興經濟。表面上的短期影響是股市飆升、交易熱絡，但長期仍無法脫離景氣低迷的陰影。

在長期前景不明的狀況下，就業環境日益嚴峻、貧富差距也相形擴大。日本總務省在二〇二〇年二月公布「經季節調整後的失業率」，上升到二・九%；而厚生勞動省公布的「新職缺招募人數」，與疫情前一年的同月相比，也減少約兩成；甚至「博報堂生活綜合研究所」二〇二一年一月發表的「消費意願指數」僅四十八・六分，相較前月降低了六・三分；就連「Nowcast」統計的「JCB信用卡消費數據」也顯示，與前一年同月相比，二〇二〇年十二月的外食費用減少了三六%、旅行支出也減少了四〇%。

另一個趨勢則是消費型態改變。自從二〇二〇年四月，日本發布第一次「緊急事態宣言」後，大量民眾為了減少疫情感染的風險，紛紛降低前往超市或賣場消費的次數，改成「一次買齊」的採購方式，進而造成各家實體店面的來客數出現雪崩式下滑。

但反觀線上購物的消費模式，則出現爆炸性的增長，根據日本電商平臺「Shopify」調查，相較於二〇二〇年初，截至該年底已有高達四二%的消費者，轉向選擇在線上購物，特別是年輕族群（十八至三十四歲），有超過半數、約五九%的人，有在網路上消費的習慣；而中年族群（三十五至五十四歲）則約有四〇%，高齡族群（五十五歲以上）也高達三四%。這些相關數據都是後疫情時代，消費者在消費行為與消費價值觀上，出現重大改變的積極證明。

但同樣根據「Shopify」的調查，也顯示出消費者的消費傾向，在新冠肺炎的疫情衝擊期間，產生了相對的改變。例如有五四%的受訪者認為，「可以藉由本地消費來活絡地方經濟」；有三九%的受訪者，則傾向於支持對地方或社區有貢獻的企業。

由此可知，以環境永續或社會友善為出發點的「良知消費」（Ethical consumerism），將逐漸影響新世代（包括千禧世代與Z世代）民眾的消費傾向，例如近期受到全球關注的瑞典環保少女——格蕾塔．童貝里（Greta Thunberg），就是新世代的代表人物。而這群新世代的消費者，開始積極關注社會與自身所處的環境問題，故可預期「環境保護」、「公平貿易」及「志工服務」等，將成為新世代消費傾向的關鍵字。

（按：千禧世代又稱為Y世代，一般指一九八〇至一九九〇年代出生的人；Z世代一般指一九九〇年代後期至二〇一〇年代前期出生的人。）

在本文中，列出疫情衝擊期間，各項包括「博報堂生活綜合研究所」的統計數據、官方公布的失業率及信用卡使用統計等資料，並觀察與比較。接著以「疫情期間的改變：生活自由度降低」作為本文的主要論點，延伸出「因為對於大環境的無力感，導致個人生活與消費行為出現『追求舒適與當下心情愉快』的傾向」；並從就業環境等事實、以及「Shopify」的調查報告：外出實體購物頻率降低、線上購物頻率增加等狀況，再次驗證「疫情衝擊對民眾生活確實造成影響」的論點。

最後則說明關於民眾消費傾向的變化，有哪些值得關注的趨勢，並指出新世代消費者開始關注社會與環境問題，預期環境保護、公平貿易及志工服務等，將成為新世代消費趨勢。

5 練習三：條列重點

在本篇練習中，我會帶領大家再一次學習，如何蒐集關鍵資訊（包括事實與數據）來充實條列要點，並建立文章架構。

練習

在日本，「共享經濟」於年輕世代之間相當盛行，「Share House」就是其中的代表之一。但類似 Share House 這種新生活型態的需求，僅存在於年輕人嗎（按：Share House 類似雅房的概念，除了有自己的專屬房間，其他設備如客廳與廚房等為共用空間）？

- 目標讀者：負責開發新業務的工作人員。

・目的：作為「討論新業務開發議題」的例行會議參考資料。

以「Share House」為關鍵字，應該可以在「日本國土交通省住宅局」或「東京瓦斯都市生活研究所」的網站上，找到這些單位發表的調查報告。前者可找到入住動機與原因等；而後者可找到不同世代單身者的居住意向等資訊。

從這些相關資料中，可整理出初步的觀察論點：「Share House的生活型態，並非專屬於年輕族群。」蒐集資訊的同時，可以先將資訊的重點條列下來：

・結論：Share House絕對不只專屬於年輕人。
・電視節目《雙層公寓》，描述年輕人在Share House的生活樣貌。
・「日本國土交通省」的調查之一：選擇Share House的主要理由是「房租便宜」（占四四．六％）。
・「日本國土交通省」的調查之二：「能和其他房客交流」則占七．九％。
・「東京瓦斯」的調查之一：在二十歲世代中，女性入住Share House的意願較男性高。

・「東京瓦斯」的調查之二：相較於三十、四十歲世代，五十歲世代的女性入住意願更高。

・「東京瓦斯」的調查之三：五十歲世代女性入住意願為二五％。

・單身女性人數增加、未婚率提高、女性平均壽命比男性長。

・高齡衰弱（厚生勞動省）。

將要點條列出來後，即可開始發想本文。本篇範例同樣使用ＰＲＥＰ法練習，也就是在文章開頭先提出主張，後續再補充事實及理由來作為佐證。

在第一段，可以提到結論「Share House 的生活型態，符合各個年齡層的需求」，然後簡單說明理由「因為……」。

接著在第二段及第三段，引用「日本國土交通省」與「東京瓦斯公司」的調查資料，作為前段理由的證明。首先提到根據「日本國土交通省」的調查顯示，民眾選擇 Share House 的主要理由是「房租便宜」；接著引用「東京瓦斯公司」針對各世代民眾進行的調查，提出「不是只有收入低的年輕人，會選擇入住

Share House」，並特別聚焦「五十歲世代女性，入住意願高達二五％」這項數據，以事實（亦即非作者主觀意見）來加強第一段「符合各年齡層需求」的論點。

最後則延續前段「高齡女性入住意願高」的調查數據，延伸出高齡者面臨的生活照護問題（「高齡衰弱」→「須有人照護」），並以此做出結論「高齡者，是最需要也最適合使用 Share House 的族群」。

範例

高齡化時代，Share House 符合各年齡層的需求

日本電視節目《雙層公寓》，是以「一群年輕人在一棟共享公寓（Share House）中共同生活的實況」作為節目內容，並將這群年輕人的日常生活與起居互動，展現在觀眾眼前。但類似「Share House」這種共享空間的生活方式，對各種年齡層的民眾都有其需求，尤其日本受到少子化與高齡化的趨勢影響，人口老化與勞動力衰退的問題日益嚴重，可預期對老後獨居生活感覺不安的年長者，將會越來越多，而 Share House 的生活型態，或許可以為類似的問題提供解答。

根據「日本國土交通省住宅局」在二〇一四年的調查顯示，一般民眾選擇入住 Share House 的理由或動機，最主要的原因是「房租便宜」（占四四・六%），第二名是「位置與生活機能都不錯」（占三二・八%），接著是「離公司近」（占一六・五%）、「一卡皮箱即可入住，成本低廉」（占一五・八%）、「能與其他房客交流」（占七・九%）等。

此外，二〇一五年「東京瓦斯都市生活研究所」針對不同世代單身者，也進行過類似的調查，調查顯示，在二十歲世代的群體中「女性入住 Share House 的意願較男性高」。而該調查中另一項重要的指標，則是相較於三十歲與四十歲世代，五十歲世代的女性入住 Share House 的意願更強烈，占比高達二五%。也就是說，在五十歲世代的單身女性中，每四人就有一位，曾考慮老後要與其他人共同生活。由此可知，一般多認為「Share House 只適合年輕人」的說法，對也有 Share House 需求的年長女性而言，是不成立的。

畢竟以目前的社會形態來觀察，終生未婚的比率不分男女都持續攀高，尤其又以女性的一四・一%（二〇一九年）相較二〇〇〇年高出了八%之多；

再加上女性的平均壽命比男性更長，老齡生活的需求也更形顯著。如果再考慮退休後，因為社交聯繫的頻率減少，導致發生高齡衰弱、須有人照顧的可能性大增。而 Share House 的生活型態，恰能滿足高齡女性的三大需求，亦即：方便、實惠、安全，故 Share House 將有機會成為不分性別與年齡世代的未來新生活趨勢。

在本篇範例中，先引述官方單位國土交通省的數據，讓讀者對內容產生信任感。接著用客觀的數據，將「為什麼選擇入住 Share House？」的理由條列出來，並從中分析出主要原因是「費用」。接著再引述民間單位「東京瓦斯都市生活研究所」的數據，以不同世代單身者為對象進行的調查當中發現，高齡女性對 Share House 的生活型態並不排斥。最後則引用未婚率的數據，佐證高齡者對 Share House 存在需求，藉此推翻「Share House 僅適合年輕人」的說法。

簡單來說，本文就是以個人經濟狀況↓未婚率提高↓高齡者的需求為脈絡，提出理由證明一開始的論點。

6 練習四：太長的句子要斷句，加上連接詞

不論文章想表達的內容是什麼，只要**內文太頻繁的出現相同詞語，或多次出現重複的句型，甚至是標點符號使用錯誤**，都會影響到讀者的閱讀流暢度，進而讓讀者感覺不耐煩，甚至對內容產生錯誤的理解。

因此在寫作時，每一句話都力求簡單扼要，才不會讓整篇文章顯得囉唆或冗長，因此我建議，如果**句子太長要適時斷句，並適時加上連接詞，才不會全部的資訊都擠在同一個句子裡**。

有時可能會同時提到抽象概念（意見或理論）與事實（舉例或數據），如果不加以清楚區隔，容易使讀者產生混淆，無法分辨哪一段敘述是事實、哪一段敘述又是抽象概念。例如：描述一段抽象概念後，可以寫「為什麼會這樣說」，來

當作語氣轉折，為下一句的事實鋪陳，讀者就不會因此產生誤會。或是寫：「之所以會有這種論點，是因為……」、「這種說法是基於……」等。

此外，如果有特別想讓讀者注意到的關鍵字，不妨在文章中重複表達，藉此加深讀者的印象，讓受眾能更清楚知道本文想傳達的主旨；若你想在內文中呈現出反面意見，以突顯作者客觀性，並藉由反駁反面意見，來支撐論點，也可以使用OPQA法（參考第二章第五節）。

我們一起看一下練習題：

練習

連鎖餐飲業「M公司」在會議中討論公司今後的發展對策。下文提到的「公司未來發展可能性」，是預計在該次會議中發表的內容。請大家以此為依據，將內容修改為順暢且精簡扼要的形式。

- 目標讀者：高階經營者。
- 目的：作為中期經營管理策略規畫會議的提案資料。

公司未來發展可能性

隨著科技業四大巨頭GAFA（Google、Amazon、Facebook、Apple）的崛起、數位化快速發展、因少子化與高齡化的影響導致人口減少、新興市場國家的中產階級持續擴大、日本食品熱潮仍持續發酵，為了讓我們的公司持續發展，因此須進軍亞洲等海外市場。本公司以「餐飲」為主業，因為豐富多元的菜色受到大眾支持，獲得許多顧客長年來的支持，但有鑑於今後日本地區人口可能會持續下滑，未來將會面臨到發展受限、同業間競爭更激烈等局面，本公司應該要擴展到海外市場，特別是發展顯著的亞洲地區，才能讓公司持續壯大。因此我認為今後應該要前往海外market求生存，一面擴展日本國內市場，一面從海外市場中尋求企業發展的成長動能。

看完以上這段內容原文，會不會覺得囉唆又冗長？接下來要依序討論，看看這段原文，到底出現了哪些問題。

首先，原文一開始描述了當前的現況，但其中兩點「隨著科技業四大巨頭

GAFA的崛起」與「數位化快速發展」，其實與跟自家餐飲事業的關聯性並不高，可能會讓讀者覺得，提案人只是隨便塞一些當紅的趨勢話題來充數而已。

再者，M公司雖然是內需型企業，跟原文中提到的人口減少、新興市場國家的中產階級持續擴大等趨勢，可能多少有點關係。但這樣的描述，無法讓讀者直接理解這些趨勢跟公司現況的連結。所以應該要在這些趨勢後，直接說明大環境對公司現況的影響，再來討論應對方式，文字會更精簡易懂。

此外，在「豐富多元的菜色受到大眾支持」與「獲得許多顧客長年來的支持」這兩句話中，重複出現了兩次「支持」；且「本公司」一詞，也在全文中出現了兩次，建議可以刪掉其中一個。

而在原文的一開始，先說「因少子化與高齡化的影響導致人口減少」，然而到了原文後段，卻改口說「今後日本地區人口可能會持續下滑」，這兩句話的語氣出現矛盾。因為前者說：「導致」人口減少，採用了肯定的語氣；但到後面卻變成：人口「可能」持續下滑，出現了推測的不肯定語氣，會讓讀者產生困惑。

另外，原文還有「市場」與「market」中英夾雜的問題，在同一篇內容中，提到相同的名詞，在表現方式上最好統一，以免讀者混淆。

最後，原文的結論提到「日本國內市場」，但本篇文章主題是討論進軍海外市場的會議資料，所以應該刪除，以免模糊焦點。

總結來說，在類似的提案場合，如果從聽簡報的人其立場來考量，他可能沒有這麼多時間仔細聽。因此，若是提案人與聽簡報的人都知道的資訊，儘管刪除無妨，讓寶貴的時間用來溝通真正重要的事，像「本公司以餐飲為主業」，因為是公司內部會議，所以所有與會人都已經知道，就不用特別寫出來。

現在，我將以上這些問題一一修正後，改寫成順暢且精簡扼要的範例。

範例

公司進軍海外發展的可能性

建議公司應全力朝海外市場發展。由於日本國內人口持續減少、競爭日益嚴峻。有鑑於本公司具備豐富多元的菜色優勢，廣受各界消費者的長期支持，面對亞洲地區中產階級持續擴大，如能積極填補相關海外市場的餐飲需求，企業就有可能持續成長。

7 練習五：提出主張與論點，回應讀者疑問

本篇我會帶著大家一起練習，如何透過回應質疑，寫出有說服力的內容。

練習

近年來許多企業，紛紛響應聯合國提出的「永續發展目標」，並將其視為企業經營管理的重要方針之一。該目標的最終目的，是希望在二〇三〇年以前，打造出任何人都不會被遺漏的世界。企業投入該目標的理由為何？

- 目標讀者：中階主管。
- 目的：作為新任部長的培訓資料。

範例

「永續發展目標」的新商機

松下電器（Panasonic）的創辦人松下幸之助曾說過：「企業是社會的公器。」亦即企業是整體人類社會組成的一分子，所以每一家企業都有各自應承擔的社會責任。但在全球化的趨勢底下，產生出許多新的社會問題，尤其與環境相關，例如地球暖化造成的氣候變異等，不僅影響到個人生命財產的安全，更威脅了企業的發展與存亡。於是在二〇一五年的九月，聯合國大會發布「永續發展目標」，向全世界的人們大聲疾呼，希望喚醒人民關注相關議題。

所謂的「永續發展目標」，是指包含所有已開發國家在內，全體人類在二〇三〇年之前，都應該要致力達成的十七項核心目標，並由此延伸出一百六十九項更具體的細項目標。這十七項核心目標分別為：消除貧窮、消除飢餓、良好健康與社會福利、優質教育、性別平等、乾淨的水資源與衛生設施、可負擔的潔淨能源、尊嚴就業與經濟發展、產業創新與基礎建設、減少內外部的不平等、永續發展的城鎮與社區、永續消費和生產方式、因應氣候變遷的積極行動、保育及維護海洋資源、保育及維護陸域生態、和平正義與健全的司法、促進目標實踐的夥伴關係。

就以第十二項的核心目標「永續消費和生產方式」為例，聯合國預測到二〇三〇年時，全球人口將達到八十五億人，但在此時此刻的今天，全世界竟然有三分之一的糧食，是被白白浪費掉的。如果這種狀況沒有改變，屆時人類將要面對全球糧食不足的問題。因此，日本從二〇一九年十月開始，就持續推行《減少食品損耗促進法》，並從二〇二〇年七月開始全面推行塑膠袋收費制度，以期望在消費與生產的過程中，減少資源被過度浪費。

根據美國「愛德曼（Edelman）公關公司」二〇一六年的調查資料顯示，全球八〇%的人民都表示，「期望企業可以採取行動，在擴大自身利益與事業版圖的同時，改善當地的經濟與社會狀況」，對比二〇一五年時的調查，此項民意提高了六%之多。這項數據顯示出，隨著全球各種能源、環境與經濟問題的日益惡化，包括消費者與股東等利害關係人（stakeholder），都高度盼望企業（與企業經營者），在相關議題上做出貢獻與具體行動。

但要求企業花費巨額成本，甚至壓縮原有利潤，去減輕對社會或環境造成的負面影響，這對企業經營者而言不無疑慮。不過根據二〇一七年世界經濟論壇「商業與永續發展委員會」（BSDC）的研究報告顯示，追求永續發展能夠創造龐大商機，因為以達成「永續發展目標」為目標來估算，包括「糧食與農業」、「都市」、「能源與材料」、「健康與福祉」等領域，獲利合併計算後，預估每年可創造高達十二兆美元的產值，並為全球帶來三億八千萬個就業機會。

企業存在的其中一項意義，是藉由提供商品或服務，為人們創造豐富的生活、實踐更美好的社會做出貢獻。如果企業永續經營的目標與全人類的福祉方向一致，自然就能獲得消費者的青睞，以及市場的肯定與資源挹注，這些都是企業響應「永續發展目標」能獲得的好處之一。

總結來說，企業以「永續經營、永續成長」為發展方向，全球也以「永續發展」為核心目標，如果企業經營者可以將「永續發展目標」的核心目標與細項目標，納入公司業務發展的考量，或尋求政府、非營利組織及其他企業單位一起合作，共同為致力減輕企業經營帶來的負面影響努力，相信一定可以創建出新的商業模式。

在範例的第一段，直接引用松下幸之助曾說過的話，破題點出「企業是社會的一分子，有承擔社會責任的義務」。但讀者可能會產生疑問：「松下幸之助說這句話是什麼意思？為什麼企業是社會的一分子？」

所以要提出回答與解釋：因為地球環境是全人類共享，當地球面臨生死存亡的緊要關頭，企業也無法置身事外。尤其跟松下幸之助的年代相比，地球的環境問題已經更刻不容緩，企業經營當然要肩負起比當時更重要的責任，例如積極回應聯合國提出的「永續發展目標」，做出因應環境改變的決策。

第二段則是直接回答讀者的疑問：「『永續發展目標』是什麼？」並條列出其中的十七項核心目標加以說明。考量到對部分讀者而言，光從字面的意義，很難理解其中真正的含意為何，所以舉例說明第十二項核心目標「永續消費和生產方式」，告訴大家日本政府為了達成這項目標，執行的實際作為是什麼，像是立法以減少食物浪費或過度使用塑膠袋，幫助讀者更進一步的了解內容。

到了第四段，則引述公關公司的研究調查，說明消費者的消費行為，會受到企業形象的影響。並從消費者的價值觀改變，說明企業投入「永續發展目標」相關發展有其必要性，且有助於企業的經營與獲利。

第五段則正面迎擊讀者心中可能會產生的疑問，像是：「『永續發展目標』對企業來說，應該是很不划算的事情吧？」或「企業要花費巨額成本，來減輕對社會與環境造成的負面影響，這肯定會壓縮到公司的利潤吧？」對此提出相應的反駁：當全球的企業都致力於相關議題的發展，會開創出新的商機與未來性，並提出世界經濟論壇的數據來加以佐證。在這段使用的事實與數據，是建立認同與信任感的重要關鍵。

第六段則從市場面、企業形象與觀感評價等現代企業重視的面向，說明企業執行「永續發展目標」的好處，作為「ESG投資」（環境、社會和企業治理）是未來企業經營趨勢的佐證。最後一段提出具獨特性的主張：指出企業面對「永續發展目標」的新趨勢，不必單打獨鬥，可以尋求政府、非營利組織或其他企業單位一起合作。

8

練習六：資訊蒐集↓分析↓提出主張

在以下的綜合練習中，我會提到本書介紹的各種寫作技巧，並融會貫通於範例中。

練習

日本民眾的閱讀理解能力，是否有日益低落的趨勢？請簡述現況，並表達立場與說明原因。

- 目標讀者：負責開發新業務的工作人員。
- 目的：作為新業務的討論與提案資料。

通常把專有名詞當作關鍵字搜尋，就能查到名詞解釋與相關資料。但在本篇的練習中，單從題目提供的線索，無法只憑單一關鍵字，就在網路上找到精準的資訊。所以面臨到的第一個問題，就是如何使用正確的關鍵字與搜尋方法，來找到資訊。

首先，可以嘗試輸入「閱讀理解能力」與「人」這兩組關鍵字，看看會出現什麼資訊。此時，可能出現以下結果：

- 因應ＡＩ（人工智慧）的出現，為什麼我們必須提升閱讀理解能力……。
- 避免被ＡＩ搶走飯碗的關鍵，在於閱讀理解能力。根據ＯＥＣＤ（經濟合作暨發展組織）的調查……。
- 在閱讀理解能力測驗中，ＡＩ即將戰勝人類？微軟……。
- Google 最新ＡＩ設計其學習力驚人，連閱讀理解能力也將超越人類（《日本經濟新聞》）。
- 無法正確解讀語意，恐成為人類輸給ＡＩ的原因（最新的週刊）。

雖然出現許多搜尋結果，但關於閱讀理解能力低落的問題，並沒有具體的幫助。因此可再試著增加一組關鍵字，用「閱讀理解能力」、「低落」、「人」來搜尋看看。此時，可能出現以下結果：

- 避免被AI搶走飯碗的關鍵，在於讀解能力。根據OECD調查……。
- 網路留言的評論內容（亞馬遜）。
- 人類正在AI化？從「人工智慧研究所」看到……（CiNii論文）。
- 對國中小學童與高中生的閱讀理解能力低落感到憂心，人工智慧即將搶走工作……。
- PISA閱讀理解能力低落是孩子發出的求救訊息——學校、考試……。
- 「PISA二〇一八」：關於解讀閱讀理解能力低落的現象，請教新井紀子教授（上）……。
- 缺乏「有閱讀理解能力」的人才，恐將成為企業危機……。

從這次的搜尋結果中，可以發現第四條與第五條內容，跟閱讀理解能力低落的現況較為相關。至於第三條內容是一篇論文，可能會比較艱深難懂。

所以先從比較好理解的資料開始下手，點擊搜尋結果的第四條，連結指向「newswitch」網站，在點進網頁後，可以看到這份資料的全文。

這篇報導出處是二〇一七年十一月三日的《日刊工業報紙》，該報導的內容為：「國立情報學研究所社會共有知識研究中心館長新井紀子等人，於二日發表研究結果表示，根據專門評量國中小學童與高中生基礎閱讀能力的『推理能力測驗』（RST）結果得知，在兩萬四千六百位接受測驗的學生中，無法準確解讀『主語』與『受詞』（賓語）的情況，以國三生來說，每五人就有一人；而以高三生來說，每十三人中就有一人。」

這篇報導內容，對題目具有參考價值，但只有單一資訊，無法作為充分的佐證。所以繼續點選搜尋結果中的第五條，這條資訊連結指向《東洋經濟》報社的網站，在網頁全文中，發現這篇內容的撰文者是「新井紀子」，這位作者曾在第四條的搜尋結果中出現過。

而這篇報導提到：「根據日前發表的『國際學生能力評量計畫』（PISA）結果顯示，日本學生的『閱讀理解能力』由之前的第八名，下滑至第十五名，此現象引起廣泛討論……。」內文的更新時間為二〇一九年十二月二十六日上午六點四十分。

因此，現在有兩份關於閱讀理解能力低落的數據，包括：「國立情報學研究所社會共有知識研究中心」館長新井紀子的研究報告，以及國際學生能力評量計畫的結果。

接著可以進一步使用這些關鍵字，搜尋「國立情報學研究所」、「國立情報學研究所社會共有知識研究中心」或「國際學生能力評量計畫」。

在「國際學生能力評量計畫」的搜尋結果中，找到「國立教育政策研究所，國際研究暨協力部」的說明網頁，並從網頁中可以得知，國際學生能力評量計畫是由OECD主辦的全球學生評量。該評量計畫的主要實施對象為十五歲的學生，評量內容包括閱讀、數學和科學這三個領域的基本程度。自二〇〇〇年起，每三年舉辦一次，最近的一次是在二〇一八年舉辦。

整理剛剛獲得的線索，發現國際學生能力評量計畫針對閱讀理解能力，統整歷年變化與各國比較的資訊。因此可以用來證明日本民眾的閱讀理解能力，是不是有下降的傾向，並據此作為寫作的立場。

接著繼續整理剛剛蒐集到的各種資料，針對數據來分析、解讀，並驗證數據呈現的結果，是否與論點相符合。最後再構思內容、思考論點的敘述方式，以及相關佐證資料應該怎麼呈現，再開始動筆。

先將整理過的關鍵字與寫作要點（包括事實與數據等），記錄下來：

- 日本民眾的閱讀理解能力是否有下降的趨勢？
- OECD主辦國際學生能力評量計畫。
- 二〇一八年日本的閱讀理解能力，在七十九個國家與地區中，排名為第十五名。
- 比前次排名（第八名）退步了許多。
- 結論：閱讀理解能力下降。
- 國際學生能力評量計畫對「閱讀素養」的定義：個人具備理解、運用、反思內容的能力，以實現個人目標，並增進知識、發揮潛能、參與未來社會。
- 「從文章中找出資訊」或「評判、鑑別文章品質與可信度」等能力，都呈現下降的趨勢。

・閱讀理解能力低落的背景成因↓日本文部科學省的分析、專家學者的意見看法是什麼？

接下來使用這份條列要點，來依序推導出閱讀理解能力下降的結論。整理以上的所有步驟後，先確認有關閱讀理解能力低落，是否為事實。接著要找出相關的數據，並從中確認論述立場（日本民眾的閱讀理解能力，確實有下降的傾向）。

之後，只要加入事實、數據與邏輯，再用簡單易懂的表現方式寫出文章，就能完成練習。

範例

日本民眾的閱讀理解能力低落

日本民眾的閱讀理解能力正在逐年下降。由ＯＥＣＤ（經濟合作暨發展組織）主辦的「國際學生能力評量計畫」（ＰＩＳＡ），是以世界各國十五歲學生為評量對象、每隔三年舉辦一次。依二〇一八年的測驗結果顯示，日本學生的閱讀理解能力，在七十九個國家與地區中排名第十五名，與二〇〇六年並列為日本排名最差的兩屆，而且與前次第八名的測驗結果相比，退步了許多。

由於現今社會，網路上充斥著各式各樣的假訊息，人們更須具備識讀事實真相的能力，因此，閱讀理解能力的重要性與日俱增。由OECD主辦的國際學生能力評量計畫，透過測驗過程，來推廣培養了解概念、掌握歷程，以及能將知識應用在不同場合的能力。自二〇〇〇年開始舉辦，二〇一八年已約有六十萬人參加。在該測驗中，對於「閱讀素養」的定義為：「個人具備理解、運用、反思內容的能力，以實現個人目標，並增進知識，發揮潛能，參與未來社會。」

綜觀日本學生在二〇一八年的評量結果，「閱讀素養」方面的平均表現為五百零四分，比上一屆還低了十二分。此外，該測驗也將「閱讀素養」分成六個級別，日本學生在最低級別（未滿四百零八分）的占比為一六．九%，比上一屆高出四個百分點，拉低了平均分數。而日本學生在「從文章中尋找資訊」或「評判、鑑別文章品質與可信度」項目中，作答正確率都偏低。

例如測驗中，要求受測學生「從企業官網或線上雜誌的報導裡，找出如微波爐安全性宣導之類的必要資訊」，類似的題型對日本學生來說，能正確回答的平均比率僅有五六・一％（OECD的三十七個會員國平均為五九・二％）。另外「鑑別文章的可信度」或「說明自己的看法依據」等描述性問題，日本學生的正確回答比率，更只有八・九％（OECD的會員國平均則為二七％）。

針對閱讀理解能力下降的主要原因，根據日本文部科學省的分析表示：「因為學生對於報紙或雜誌等內容相對嚴謹的長篇文章，閱讀率降低；但在網路上使用短訊息聊天溝通的時間卻持續增加。」而類似觀點，也呈現在國際學生能力評量計畫的問卷調查結果中：日本學生每個月「多次閱讀報紙」的占比僅為二一・五％，相比二〇〇九年的數據下降了有三六％之多，更低於OECD會員國的平均值二五・四％。此外，日本學生使用網路的時間也持續增加，放學後「每天上網聊天」或「幾乎每天上網聊天」的占比高達八七・四％；而「一個人打電動」的比率也攀升至四七・七％。甚至在調查中，還可以明顯發現，有閱讀習慣的學生，在測驗時的平均得分，比沒有閱讀習慣的學生要高出三十多分。

面對日本學生表達能力與陳述能力欠佳的現況，教育界相關人士均感到憂心，日本中央教育審議會的教育課程部委員，同時也是東京大學教育部長的秋田喜代美強調：「培養邏輯思維的能力非常重要，應該要落實於各科項目中。」上智大學的奈須正裕教授則表示：「廣泛複合型的理解能力非常重要，須將這項能力全面落實於學校教育當中。」

在本篇範例中，依據事實，確認立場為「日本民眾的閱讀理解能力，確實呈現出下降的趨勢」。因此，開頭就先說明論點「日本民眾的閱讀理解能力正在逐年下降」，接著引用OECD主辦的國際學生能力評量計畫數據，來作為論點的佐證。由於該評量計畫是從二〇〇〇年開始、每三年舉行一次，所以能從歷年數據的時間軸中，表現出日本學生閱讀理解能力下降的事實。

國際學生能力評量計畫的日文版數據，可以從日本「國立教育政策研究所」

的網站中（https://www.nier.go.jp/kokusai/pisa/index.html）找到，該網站還有一些與該評量計畫相關的調查結果報告（https://www.nier.go.jp/kokusai/pisa/pdf/2018/01_point.pdf），讓大家可以進一步的解讀相關數據。

由於單純堆砌統計數據，例如排名、成績、趨勢，對部分讀者或受眾來說，可能比較無感。所以在範例中，也舉出實際的考試題型，例如找出微波爐的安全宣導資訊等，方便讀者理解評量的進行方式。且考量到讀者對數據的解讀，可能會有疑慮，於是在文章最後，加入文部科學省及教育專家的意見，讓內容的全面性更高。

尤其文章最後引用的文部科學省見解，更是本篇範例的重點。因為專家學者的意見，形同是為我們的立場與論點背書，所以如果能直接採訪、取得學者專家的第一手回應，一定能為文章增色不少。但是直接採訪學者專家，不僅費時、費力，也不是一般人能輕易做到的事；此時如果只是用來作為內部溝通，不妨退而求其次，選用相關領域專業人士的公開資訊，作為寫作素材，會比較符合效益。要額外留意的是，一定要確認消息來源正確可靠。

以本篇範例來說，選用了文部科學省官網中公開的審議會會議紀錄，並從二

○一九年十二月四日的「中央教育審議會」教育課程部會」中，找到與國際學生能力評量計畫相關的結果報告，再從中瀏覽委員與專家學者的發言，選出與主張立場較為相符的兩位專家言論，作為「日本民眾的閱讀理解能力正逐年下降」的佐證，以展現出此論點並非個人意見，而是具有與專家立場相符的客觀性。

像是這一類的官方會議紀錄，會記下所有與會專家學者的完整發言，不僅限於文部科學省，也會公布在相關業務主管機關的網站上，不妨多加利用。

9 提出佐證捍衛你的主張

前一篇範例中，使用了事實與數據，完整描述日本民眾閱讀理解能力正逐年下降的現況。接著，在本篇中，以前篇的背景作為基礎，加入相關的說明與佐證，表達在此現況中存在創新商機，以作為新業務的討論與提案資料。

在開始動筆前要先注意，無論是撰寫企劃書或提案報告，目的都是為了說服他人，所以引用的資料一定要能讓人接受、並產生認同感。因此，資料來源的篩選就非常重要，像是來自公家單位或報章雜誌等具有公信力的數據，才足以支撐論點。如果隨便取用網路上來源不明的說法、引述不夠嚴謹的網友意見，會讓企劃書與提案報告失去可信度。

以下，就是以前篇範例為基礎示範的提案規畫：

「資訊識讀力養成講座」規畫

在日本，不論是哪一種產業領域，都快速朝向數位化發展。而在資訊爆炸的社會氛圍下，建議以國高中或大學生為目標對象，規畫開設「資訊識讀力養成講座」。由OECD（經濟合作暨發展組織）主辦的「國際學生能力評量計畫」（PISA），是以世界各國十五歲學生為評量對象、每隔三年舉辦一次。依二〇一八年的測驗結果顯示，關於日本學生的閱讀理解能力，在七十九個國家與地區中排名第十五名，與二〇〇六年並列為日本排名「最差」的兩屆，而且與前次第八名的測驗結果相比，退步了許多。由於現今社會，網路上充斥著各式各樣的假新聞與假訊息，人們更須具備「識讀事實真相」的能力，因此，閱讀理解能力的重要性與日俱增。

「資訊識讀力養成講座」的目標對象為國高中生或尚未就業的大學生，待講座課程的營運上軌道後，也可以向一般上班族或商業人士等，進一步擴展目標客群。初步的講座課程內容規畫，包括從網路與書籍等來源蒐集與解讀資料，並培養閱讀理解能力等。

綜觀日本學生在二〇一八年國際學生能力評量計畫的評量結果，「閱讀素養」方面的平均表現為五百零四分，比上一屆還低了十二分。此外，該測驗將「閱讀素養」分成六個級別，日本學生在最低級別（未滿四百零八分）的占比為一六．九％，比上一屆高出四個百分點，拉低了平均分數。而日本學生在「從文章中尋找資訊」或「評判、鑑別文章品質與可信度」項目中，作答正確率都偏低。

例如測驗中，要求受測學生「從企業官網或線上雜誌的報導裡，找出如微波爐安全性宣導之類的必要資訊」，類似的題型對日本學生來說，能正確回答的平均比率僅有五六．一％（ＯＥＣＤ的會員國平均為五九．二％）。此外，如「鑑別文章的可信度」或者是「說明自己的看法依據」等描述性問題，日本學生的正確回答比率，更只有八．九％（ＯＥＣＤ的會員國平均則為二七％）。

針對閱讀理解能力下降的主要原因，根據日本文部科學省的分析表示：「因為學生對報紙或雜誌等內容相對嚴謹的長篇文章，閱讀率降低；但在網路上使用短訊息聊天溝通的時間卻持續增加。」而類似觀點，也呈現在國際學生能力評量計畫的問卷調查結果中：日本學生每個月「多次閱讀報紙」的占比僅為二一．五％，相比二〇〇九年的數據下降了有三六％之多，更低於OECD會員國的平均值二五．四％。甚至在調查中，還可明顯發現：「有閱讀習慣」的學生，在測驗時的平均得分，比「沒有閱讀習慣」的學生要高出三十多分。

面對日本學生表達能力與陳述能力欠佳的現況，教育界相關人士均感到憂心，日本中央教育審議會的教育課程部委員，同時也是東京大學教育部長的秋田喜代美強調：「培養邏輯思維的能力非常重要，應該要落實於各科項目中。」而上智大學的奈須正裕教授也表示：「國際學生能力評量計畫關注的閱讀素養，不同於傳統日本學校，僅強調『解讀文章人物及角色心境』等語言教育課程；如何培養學生具備廣泛的綜合文本理解能力，更是學校語文教育應全面落實的當務之急。」

更進一步求證有關「智慧型手機盛行」與「閱讀理解等學科能力」的關係，可以根據日本東北大學「加齡醫學研究所」川島隆太教授，以兩萬兩千名國中生為對象的研究調查得知：「孩子的學習成績與用功狀態並無明顯相關，成績受到智慧型手機使用時間長短的影響，則更為顯著。」又根據日本厚生勞動省的調查顯示，患有網路依存症的國高中生人數高達九十三萬人，幾乎每十人中就有一人患有網路依存症；並觀察市面上有關《拯救手機腦》或《保護大腦避免智慧型手機依存症》等書籍相繼出版。從這些現象中不難發現，學生與家長對於「擺脫網路依存、培養資訊識讀力」的需求確實存在。有鑑於此，特別建議開設「資訊識讀力養成講座」。

如同本書一直強調的，文章要流暢、通順，就須合乎邏輯。而所謂的合乎邏輯，就是在表達內容時，能完整回答讀者或受眾可能會產生的疑問。只要沒有邏輯矛盾或出現讓人誤會的表述，讀者與受眾也能輕易理解。

因此，不論是前一篇的說明範例或本篇的提案範例，都試著在內容中，回應讀者可能會產生的疑問。

例如在前一篇的說明範例中，因為引用了OECD的評量計畫與調查結果，作為「日本民眾閱讀理解能力正在逐年下降」的論點佐證。因此，讀者可能會產生疑問：「這個評量計畫與調查結果的內容，究竟是什麼？」所以，必須基於這個前提，在後續的文章中提出回應與解釋，例如「此計畫是以全球十五歲學生為評量對象，自二〇〇〇年開始舉辦」等。

而在本篇的範例中，因為讀者可能會質疑：「為什麼要以國高中或大學生為目標對象，規畫開設『資訊識讀力養成講座』？」就必須延續前一篇OECD的調查結果，以多視角的觀點、增加內容資訊量，補充說明：「由於現今社會，網路上充斥著各式各樣的假新聞與假訊息，人們更須具備『識讀事實真相』的能力，因此，『閱讀理解能力』的重要性與日俱增。」來明確表達出應該開設資訊識讀力養成講座的理由。

本篇範例從第二段開始，依序說明講座的目標客群與課程內容。在第三段到第六段，則延續前篇採用的數據與專家意見，呈現出閱讀理解能力確實下降了。

最後一段則再次預期讀者閱讀到此處，可能會產生疑問：「只憑OECD的計畫與調查數據，就能證明日本民眾的閱讀理解能力降低嗎？」在此則特別引述川島教授發表的「智慧型手機與成績關聯性」調查結果，作為回應讀者質疑的回答；並補充厚生勞動省的調查報告，說明許多學生都有網路成癮的問題；加上坊間出版許多關於「對智慧型手機依賴提出警告」的書籍，藉此提出另一個新的切入點：「閱讀理解能力降低的原因，是因為過度使用智慧型手機。」最後則推導出結論：「學生與家長對於『擺脫網路依存、培養資訊識讀力』的需求確實存在。有鑑於此，特別建議開設資訊識讀力養成講座。」

在這兩篇範例中，使用了新聞寫作的專業技巧與倒三角形寫作法來呈現。

所謂新聞寫作的專業技巧，是指在撰寫一篇報導時，應該要從客觀角度，優先傳遞事實，並站在幫助讀者理解全貌的立場來描述。雖然在傳達相關資訊時，難免會摻雜一些受訪者的主觀看法；但以作者的立場來看，客觀角度就是把第一手的資訊完整提供給讀者，讓讀者從中自行建構自己的理解與判斷。所以文章是否完整說明了 6W3H 等資訊，就是最重要的前提，後續只要依其他訊息的重要性依序表述即可。

而倒三角形的寫作架構，則是先表達最重要的論點與立場，或先揭露最有價值的資訊（例如讀者的疑問）。就像這兩篇範例一樣，也是使用倒三角形寫作法來鋪陳整篇文章，差別只是第一篇的形式比較偏向新聞報導，而第二篇則比較偏向社論或評論文章，並且也加入了較多的作者個人意見。

另外一個重點是，本篇的提案範例中，特別使用了首尾呼應法來強調主張。

例如開頭前幾句：「……都快速朝向數位化發展。而在資訊爆炸的社會氛圍下，建議以國高中或大學生為目標對象，規畫開設『資訊識讀力養成講座』。」在最後的結論，則說：「學生與家長對於『擺脫網路依存、培養資訊識讀力』的需求確實存在。有鑑於此，特別建議開設『資訊識讀力養成講座』。」藉由首尾呼應的重申論點，來加強寫作力道。

總而言之，在商用寫作時，因為具有說服與提案等目的性，且有一個明確的對象（主管或顧客），因此不只是單方面的表達訊息，須有足夠的說服力，才能達成目的。換句話說，在商用寫作的領域中，具有說服力的內容，就是好內容。

而說服力的來源，就回到本書一再重申的：要以事實為基礎、要有客觀且能量化的數據，才足以支撐論點。若只是堆疊出一大串的數據，不僅容易失焦，更會讓讀者無法理解我們要表達的內容。這些都是在寫作時，應再三練習的重點。

10 怎麼校對？我幫你做了檢查表

不論撰文的過程有多認真、多用心，如果完稿後的內容竟然被讀者發現有錯別字或缺漏字等錯誤，那很容易讓他人對專業度產生質疑，甚至對文章的可信度也會因此打折扣。

又或者在通篇文章中，堆滿了艱澀的專業術語或生硬難懂的專有名詞；再不然就是不知所云的長篇大論等。以上這些狀況，請避免在寫作時出現。在交稿或提案前，務必再三確認檢查。

以下我列出幾項寫作時應注意的重點，大家可以用來檢查完稿是否正確無誤。也可以自行將容易犯的錯誤記錄下來，時時提醒自己確認。

□ 是否確認沒有錯別字或缺漏字？
□ 是否完整說明了 6W3H 的訊息？
□ 內容是否不重複、不遺漏？
□ 下筆前，是否已經設定好明確的目標讀者？
□ 是否確實做到一段文字中只強調一件事？
□ 同一句話中，是否避免出現兩個以上「的」字？
□ 類似的句型，是否避免連續出現超過三次？
□ 是否將定義不明確的形容詞或副詞，轉換成實際數字？
□ 前言是否避免過於冗長？表達方式是否好理解？
□ 主語與謂語之間的距離是否接近，容易閱讀？
□ 文章是否簡潔扼要、段落清楚？
□ 是否盡量避免用被動語氣來表達？
□ 用字遣詞是否為一般大眾都能理解？
□ 內容是否避免同時包含了太多資訊，有進行歸納整理？
□ 文章的表現形式是否避免過於單調？

□ 作者的論點與主張，是否在文章的一開頭已充分表達？
□ 整篇內容的邏輯是否一致？

建議在確認完稿時，**可以先將稿件的紙本列印下來檢查**。雖然無紙化是一種趨勢，不過比起在螢幕上校對，使用紙本逐一檢查，還是比較容易發現錯誤。再者，校對內容時最好讀出聲音，因為只用眼睛看或在心中默念，很容易就會漏掉錯字。實際把一個字一個字唸出來，還能進一步檢查語句是否通順。

最後，因為是商用寫作，所以**請第三者幫忙檢查完稿**，也非常重要。畢竟連專業記者撰寫的報導，報社也會經過層層檢查、確認無誤後，才刊登在報紙上。所以請第三者來確認過內容，絕對是必要的。

結語
文章沒人想讀，文筆再好也沒價值

不論是哪一種寫作形式，沒人閱讀的內容，就沒有價值。尤其是商用文章，因為本質上難以親近、沒有娛樂性或吸引力，所以更要多花一點心思，才有機會讓這些內容被讀者或受眾看見。

這本書想告訴大家的是，不要認為精準表達需要高深的寫作功力；只要掌握寫作的基本概念，任何人都能輕鬆做到。

那些對著電腦螢幕茫然失措、不知從何下筆的人，往往是因為過度要求「一出手就要寫到完美」，而無法動彈。其實寫作真正的訣竅，就只是讓讀者願意閱讀、可以順暢閱讀、在閱讀時產生認同感而已。

而讓讀者願意閱讀的重點，在於文章有沒有一開始就提出論點（主張），以抓住讀者的目光；讓讀者可以順暢閱讀的重點，則在於文章是否合乎邏輯；讀者在閱讀時是否產生認同感，則取決於有沒有足夠的事實與數據作為佐證。

因此本書才會不厭其煩的一再強調：事實、數據與邏輯，是不可或缺的三大要素。

在這個資訊爆炸年代，**千萬不要因為表達能力不佳，而埋沒了自己的才華**。不論是工作領域或私人生活，只要具備精準的表達能力，就擁有更多可能性。現在，就運用本書中介紹的各種基本寫作技巧，勇敢的下筆練習吧！

走筆至此，衷心感謝一路閱讀到最後的大家。至於更進階的寫作技巧與新課題，例如如何在基礎的寫作架構上展現個人風格，待日後有機會再與大家分享。

國家圖書館出版品預行編目（CIP）資料

商用寫作大補帖：企劃書、簡報、簽呈、會議紀錄與郵件，丟掉起承轉合，採用三明治寫法，主管、客戶、同事秒懂給讚。／白鳥和生著；方嘉鈴譯.
-- 初版. -- 臺北市：大是文化有限公司，2022.07
256 面；14.8×21 公分 . --（Biz；398）
譯自：即！ビジネスで使える新聞記者式伝わる文章術 数字・ファクト・ロジックで説得力をつくる
ISBN 978-626-7123-38-6（平裝）

1. 文書處理　2. 寫作法

494.45　111005032

Biz 398

商用寫作大補帖

企劃書、簡報、簽呈、會議紀錄與郵件，丟掉起承轉合，採用三明治寫法，主管、客戶、同事秒懂給讚。

作　　者／白鳥和生
譯　　者／方嘉鈴
校對編輯／陳竑悳
美術編輯／林彥君
副 主 編／馬祥芬
副總編輯／顏惠君
總 編 輯／吳依瑋
發 行 人／徐仲秋
會計助理／李秀娟
會　　計／許鳳雪
版權專員／劉宗德
版權經理／郝麗珍
行銷企劃／徐千晴
業務助理／李秀蕙
業務專員／馬絮盈、留婉茹
業務經理／林裕安
總 經 理／陳絜吾

出 版 者／大是文化有限公司
臺北市 100 衡陽路 7 號 8 樓
編輯部電話：（02）23757911
購書相關諮詢請洽：（02）23757911 分機 122
24 小時讀者服務傳真：（02）23756999
讀者服務 E-mail：haom@ms28.hinet.net
郵政劃撥帳號：19983366　戶名：大是文化有限公司

法律顧問／永然聯合法律事務所
香港發行／豐達出版發行有限公司　Rich Publishing & Distribution Ltd
地 址：香港柴灣永泰道 70 號柴灣工業城第 2 期 1805 室
Unit 1805, Ph.2, Chai Wan Ind City, 70 Wing Tai Rd, Chai Wan, Hong Kong
電 話：21726513　傳 真：21724355　E-mail：cary@subseasy.com.hk

封 面 設 計／林雯瑛　內頁排版／吳思融
印　　　刷／緯峰印刷股份有限公司
出 版 日 期／ 2022 年 7 月初版
定　　　價／ 390 元（缺頁或裝訂錯誤的書，請寄回更換）
I S B N／ 978-626-7123-38-6
電子書 ISBN／ 9786267123362（PDF）
9786267123379（EPUB）

即！ビジネスで使える新聞記者式伝わる文章術 - 数字・ファクト・ロジックで説得力をつくる
Soku ! Business de tsukaeru Shinbun kishasiki tsutawaru bunsho jutsu – suji, fact, logic de settokuryoku o tsukuru